小魔方，大世界：

带你开启魔方之旅

主　　编　赵奕麟　曹　杰

编写组成员　赵　鹏　王圣杰　朱　雨

苏州大学出版社
Soochow University Press

图书在版编目（CIP）数据

小魔方，大世界：带你开启魔方之旅 / 赵奕麟，曹杰主编 . —苏州：苏州大学出版社，2023.4

ISBN 978-7-5672-4336-1

Ⅰ . ①小… Ⅱ . ①赵… ②曹… Ⅲ . ①智力游戏 Ⅳ . ① G898.2

中国国家版本馆 CIP 数据核字 (2023) 第 065379 号

书　　名：小魔方，大世界：带你开启魔方之旅

主　　编：赵奕麟　曹　杰
责任编辑：马德芳
助理编辑：王晓磊
装帧设计：吴　钰

出版发行：苏州大学出版社（Soochow University Press）
社　　址：苏州市十梓街 1 号　　邮编：215006
印　　刷：苏州工业园区美柯乐制版印务有限责任公司
邮购热线：0512-67480030
销售热线：0512-67481020

开　　本：890 mm × 1 240 mm　1/32　　印张：4.5　　字数：83 千
版　　次：2023 年 4 月第 1 版
印　　次：2023 年 4 月第 1 次印刷
书　　号：ISBN 978-7-5672-4336-1
定　　价：39.00 元

苏州大学出版社营销部　电话：0512-67481020
苏州大学出版社网址　　http://www.sudapress.com
苏州大学出版社邮箱　　sdcbs@suda.edu.cn

前言

小魔方，大世界。

小天地，大智慧。

这并不是一本传统意义上的教科书，因为它并没有纯粹的理念和枯燥的公式。编写本书的初衷是在教与玩的过程中，激发初学者的兴趣。

本书的讲解内容深入浅出、自成一体，图文相辅相成、立意清晰明朗，完全从初学者的角度进行方案设计，针对性更强，用寓教于乐的方式，来达到“得其形，会其意”的目的。

书中还将各种有趣的魔方知识“一网打尽”，用条分缕析的说明方式让学习者看得明白、学得轻松；用换位思考的方式让学习者领略魔方打乱与还原之间的乐趣，大大增加了学习的适应力和延续性。

认识并玩转魔方是本书的重点，浅显易懂是本书的特点。

其实人生就像还原魔方，很多时候看似遥不可及，但每向前一步，距离目标就会更近一点！

让我们跟随本书的指引，一起踏上魔方的奇幻之旅吧！

目录

小魔方、大世界

第1章

第1节 魔方·起源

魔方（Rubik’s Cube）又名鲁比克方块，其与中国的华容道游戏、法国的独立钻石棋并称为智力游戏界的三大“不可思议”。魔方于1974年由匈牙利布达佩斯建筑学院教授厄尔诺·鲁比克（Ernö Rubik）发明，一经问世就得到了迅速的普及和广泛的喜爱。

与历史上很多发明一样，魔方也是在一次不经意中诞生的。发明人厄尔诺·鲁比克先生本身是匈牙利的建筑学和雕塑学教授，在日常的教学中，为了提高学生的空间想象能力和创造力，他突发奇想，制作了一种生动而有趣的教具——一个 $3\times3\times3$ 的正立方体结构，这就是魔方的雏

形。小小的正方体可以上下旋转，交叉换位，自由切换，趣味十足。而为了让它更为直观，鲁比克在立方体的6个面分别涂抹了6种不同的颜色，并两两对应。这就是现代魔方的雏形。

在使用中，鲁比克打乱魔方的顺序，而当他试图还原的时候，却用了一个多月的时间才将立方体的六个面恢复成最初的颜色。就是这样的一个烧脑之举却让他感受到了这个小小的方块中蕴含着的巨大魅力——它完全可以成为一个很好的益智玩具。于是，1977年匈牙利首都布达佩斯的玩具店中首次出现了魔方。由于魔方体积小、变化多、携带方便，可以充分锻炼儿童的眼力、行动力、耐力、判断力等，自问世不久就风靡了全球。

此时的魔方为广义上最为常见的三阶魔方，它由26个方块和一个三维十字连接轴组成，其中有6个方块在中心上（中心块），有8个方块在角上（角块），有12个方块在棱上（棱块）。

6 个中心块

8 个角块

12 个棱块

魔方共有 6 面，每个面有横竖各 3 层，每层均可独立旋转，通过旋转改变不同颜色小方块在立方体中的位置，产生各种变化，理论上共有 88 580 102 706 155 225 088 000 个可还原的不同状态。在不同状态下如果想转出所有的变化，以每秒转动魔方 3 次计算，在不计算重复步骤的情况下则需要 4 542 亿年。同理，将一个不规则状态的魔方还原到最初状态，如果没有科学的方法，也需要巨量的时间，本书在接下来的章节中会通过科学的方法打破时间的界限，帮助大家更快速地还原魔方。

第2节 魔方·发展

世界魔方发展简史

1970年3月，加拿大的拉里·尼科尔斯（Larry Nichols）发明了一个类似现代魔方的雏形——用8个方块通过磁铁相连而成的组合，与现代魔方十分的类似。

1974年，匈牙利的鲁比克发明了三阶魔方，并成为第一个还原三阶魔方的人，为了还原三阶魔方他用了一个多月的时间。

1977年，魔方作为玩具正式问世。

1979—1982年，Ideal Toys公司将魔方从匈牙利带到了伦敦、巴黎和美国的国际玩具博览会上，并于1980年将魔方推向全世界。1980—1982年，共售出近200万只魔方，魔方由此风靡全球。

1979年，《魔方笔记》正式发行，这是第一本关于魔方及其还原方法的学术著作，为魔方今后的普及和竞技化奠定了基础。

1981 年，英国的帕特里克 • 波塞特（Patrick Bossert）编写图书《你也能够复原魔方》(*You Can Do the Cube*)，该书总共售出约 150 万册，可见当时魔方爱好者对于能够掌控这个小小立方体的渴望是多么的强烈。

1982 年，首届世界魔方锦标赛在匈牙利布达佩斯举办，共有 19 个国家的 19 名选手参加了这次大赛，美国选手明泰（Minh Thai）以 22.95 s 的成绩夺得了三阶魔方竞速赛的冠军。

1983 年，鲁比克教授及其合伙人又开发出了二阶魔方。

二阶魔方

1986 年，五阶魔方诞生，据当时统计全世界约有五分之一的人接触或使用过魔方。

五阶魔方

1986—2002 年，魔方再未有较大的变革，仿佛一夜间成为了一个通俗的玩具和游戏。

2003 年，在世界各国魔方玩家的热情支持下，第二届世界魔方锦标赛于加拿大顺利举行，在这次大赛上，三阶单次世界纪录两次被改写，最终定格在了 16.53 s。同年魔方的类型再一次得到了丰富，希腊发明家帕纳约蒂斯・弗迪斯（Panagiotis Verdes）一次性地申请了五阶到十一阶魔方的发明专利，往后若干年，钻石魔方、六轴魔方等类型的魔方也逐步被开发了出来。魔方再次火遍全球，各项交流比赛层出不穷，时间纪录也在玩家的努力下不断地被刷新超越。

2007 年，法国选手在西班牙公开赛中以单次 9.86 s 打破三阶魔方竞速世界纪录，成为人类历史上第一个在魔方比赛中进 10 s 大关的人。

2010年，魔方界的传奇——澳大利亚选手菲利克斯·曾姆丹格斯（Feliks Zemdegs）横空出世，自此以后在他参赛的十年中，一共创造了121次世界纪录，他被全世界魔方爱好者奉为偶像，那句名言“Practice（练习）”，也被很多魔方爱好者口耳相传。

2011—2022年，魔方运动蓬勃发展，世界纪录一次次被改写。魔方选手之间切磋技艺，互相交流，一片欣欣向荣，最新的三阶魔方单次世界纪录已经来到了3.47 s（截止到2022年8月21日）。回顾魔方刚被发明时，鲁比克教授还原三阶魔方用了一个多月的时间，恍惚间竟让人有了穿越之感，小小的立方体在人类的智慧面前一次次地突破它的“不可能”。

中国魔方发展简史

自1980年复旦大学米尚志教授将魔方传入中国开始至今日，魔方已经在中国走过了四十多年的历史，由于与世界基本同步发展、同步交流，在祖国大地上已涌现出一批忠实的爱好者。他们不断练习、不断探索，旨在用更简单、迅速、优雅的还原方法还原魔方。在此期间，国内涌现了一大批世界顶尖的魔方选手，据统计，目前有若干魔方世界纪录为中国人所创造。

1980—2002年，与世界魔方发展类似，中国魔方也处在发展初期，其间虽然也诞生了一些优秀的选手，但魔方更多还是被当作一个益智类的玩具存在，业界呼吁要有一个能够带动已经非常普及的魔方文化的组织。

2003 年，伴随着世界魔方协会（World Cube Association，简称 WCA）的成立，魔方竞速项目正式成为了一项竞技运动。大家开始认识到魔方并不仅仅是一个简单的玩具或者游戏，魔方的交流也不应只在街头巷尾产生。在健全了魔方比赛的规则和玩法后，魔方竞技在中国蓬勃发展起来。

WORLD CUBE ASSOCIATION

2007 年，中国第一次得到世界魔方协会认可的魔方赛事在广州市南武中学举办，比赛赛制完全与国际接轨，这表明中国的魔方已走向了正规化。当然，当时的比赛成绩差强人意，这也暴露出了当时中国魔方选手的水平和世界魔方选手还存在着很大的差距。但仅仅十年后，中国选手就在世界大赛中不断创造佳绩，可以说，中国魔方只用了短短数年就完成了对世界魔方先进水平的接近和超越。

2009 年，这时期的魔方比赛已经走向了常态化，各地的爱好者和组织者举办了众多的比赛，当年夏天，北京举办了夏季魔方公开赛。这届比赛集结了中国有史以来最多的魔方高手，参赛人数达 150 人，通过多个项目，多轮次的角逐，比赛共诞生了多项全国纪录和世界纪录。这届比赛的举办标志着中国的魔方正式走向了世界。

2013 年，中国选手第一次获得了魔方世锦赛的金牌。

2015 年，国内的魔方运动得到了官方的认可，扬州市魔方协会获得了国家颁发的社会团体法人登记证书，成为了由扬州市体育总会主管并且在扬州市民政局注册的魔方协会。同年，第一届全国魔方锦标赛成功举办。

2016 年，中国成功举办了亚洲魔方锦标赛，而《魔方》杂志的创刊，使全国近 20 万魔方爱好者有了自己的专业杂志。

2021 年，中国选手在 2021 WCA 武汉魔方公开赛三阶初赛中以平均 5.48 s 的成绩打破世界纪录，这是中国人首次拿到三阶魔方速拧平均成绩世界纪录，这也标志着中国的魔方水平已经走到了世界的前列。

第3节 魔方·种类

现有的魔方均是由多个单元块和多维连轴组成的，按轴的数量来划分可以分为四轴、六轴、八轴、十二轴魔方。其中以六轴正阶魔方使用最为广泛，其主体呈正方体结构，基于三维连轴的转动特性，魔方的每一层均可自由转动。接下来，我们将按轴数量的不同介绍其中具有代表性的魔方。

四轴魔方

1. 金字塔魔方

金字塔魔方是由德国科学家乌韦·梅弗特（Uwe Mèffert）教授于1970年发明的。这最初是他用来研究金字塔能量的模型。在研究过程中，他意外地发明了金字塔魔方。金字塔魔方属于四轴魔方，它有4个可旋转的中心、6条边和4个小

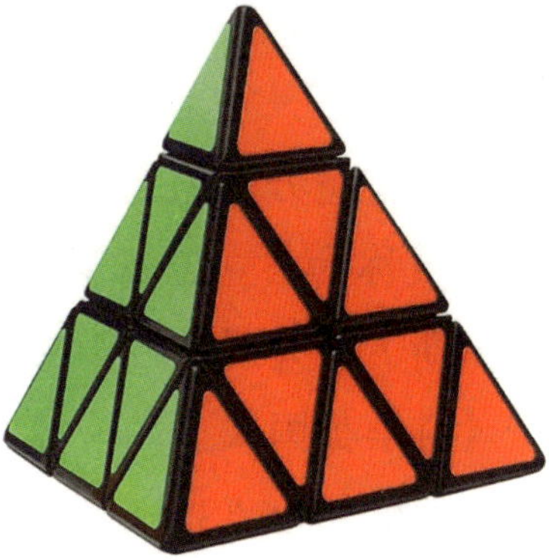

金字塔魔方

角。最常见的是三阶金字塔魔方，它有4个小角块、4个中心块和6个棱块。颜色排列可以通过旋转来改变。轴旋转块可以在不改变状态的情况下旋转。6个棱块可以自由旋转。4个小角块可以独立于其他块旋转。金字塔魔方为最简单的异形魔方，其还原形式多种多样。对于初学者来说，使用“层先法”还原最为简单。方法是先还原魔方的底层，再还原上面两层。

2. 斜转魔方

斜转魔方

斜转魔方是托尼·德拉姆（Tong Durham）发明的。它继承了立方体的结构，却是一个四轴的立方体。事实上，斜转魔方中6个正方形的中心与金字塔的6条边相似。魔方每次都沿着正方形的一侧旋转，每次旋转角度达120°。

斜转魔方因为它的结构类似于金字塔立方体，所以它开始被称为“立方体金字塔”。“Skewb”这个名字是由道格拉斯·霍夫斯塔特（Douglas Hofstadter）在1982年发表于《科学美国人》的一篇文章中提出的，从那时起这个立方体就被称为“Skewb”。

斜转魔方旋转方法的特殊性会让第一次玩这个立方体

的人感到困惑，在未完全旋转（假如某个角度仅旋转了60°）时是无法执行下一次旋转的。每次旋转，6个面都会改变。斜转魔方的可能状态数为3 149 280种，最少只需11步即可还原。

钻石魔方

3. 钻石魔方

钻石魔方，是一种具有规则八面体结构的立方体。它总共有14个可移动块，形成138 240种变化状态。钻石魔方是由倾斜的魔方变形而成，八面体结构（有6个八面体角块和8个三棱柱中心块），所有块都可以与相邻块一起移动。

六轴魔方

二阶魔方

1. 二阶魔方

二阶魔方又称口袋魔方、迷你魔方、小魔方、冰块魔方，为2×2×2的立方体结构。本身只有8个角块，没有其他结构的方块。

二阶魔方结构与三阶魔方相近，可以利用还原三阶魔方的方法进行还原。

1983 年 3 月 29 日，鲁比克教授申请了二阶魔方的专利，称为 R 结构的二阶魔方。

2. 三阶魔方

三阶魔方是最常见的魔方。三阶魔方单次世界纪录是由中国选手杜宇生保持的 3.47 s（截止到 2022 年 8 月 21 日），平均世界纪录是由波兰选手提蒙·科拉辛斯基（Tymon Kolasiński）和美国选手马克斯·帕克（Max Park）保持的 4.86 s（截止到 2022 年 8 月 21 日）。

从轴的结构看，三阶魔方由 1 个中心轴、6 个中心块、12 个棱块和 8 个角块组成。当它们结合在一起时，每个部分将相互约束，不会分散，任何一侧都可以水平旋转，而不会影响其他块。中心块与中心轴连接，但可沿轴方向自由旋转。中心块的表面为方形，结构类似长方体，但长方体的内侧不是平面。此外，魔方中心还有一个圆柱体与中心轴相连。从侧面看，中心块内侧有一个弧形槽。组合后，中心块和棱块上的凹槽可以形成

三阶魔方

一个球面。旋转时，边和角沿凹槽滑动。

棱块的表面是两个正方形，其结构类似于从立方体的一个边缘突出的长方体。这种结构允许棱块嵌入在两个中心块之间。长方体表面的弧度与中心块上的弧度相同，可以滑动。立方体内侧缺少一个角度。组合后，中心块和棱块上的凹槽可以形成一个球面。旋转时，边和角沿凹槽滑动。角块的表面是三个正方形，结构类似于一个小立方体，从立方体的一侧突出。这种结构允许角块嵌入三条边之间。和棱块一样，小立方体的表面也有弧度，这可以使角块沿着凹槽旋转。

3. 四阶魔方

四阶魔方，为 4×4×4 的立方体结构。发明者是彼得·塞波斯坦尼（Péter Sebestény）。四阶魔方最初被称为塞波斯坦尼立方体，后来在制作之前被命名为“Rubik’s Revenge”。与三阶魔方不同，四阶魔方的每一侧都没有固定的中心正方块，因此四阶魔方的还原方法为首先还原中心块和成对的棱块，形成一个大的三阶魔方，然后再还原全部。

四阶魔方

另一种可行的还原方法为先还原棱块和角块，然后再还原中心块。

五阶魔方

4. 五阶魔方

五阶魔方，为 5×5×5 的立方体结构的魔方。

由于五阶魔方的结构和三阶魔方比较相似，所以可以应用三阶魔方的一部分还原方法来实现其还原。

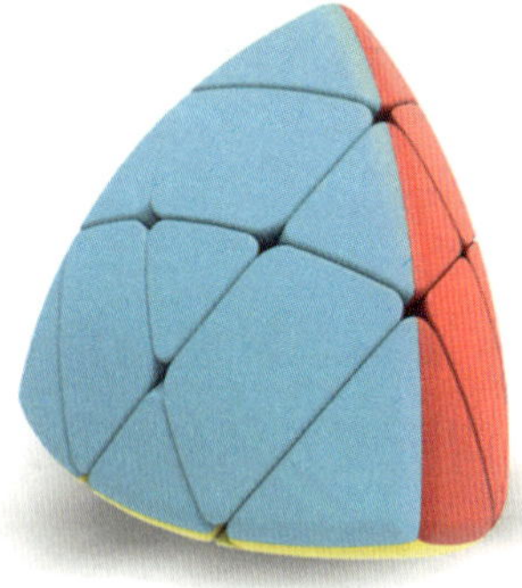

粽子魔方

5. 粽子魔方

粽子魔方，也称魔粽，是一种在三阶魔方的基础之上变化而来的异形魔方。虽然外形看起来像是金字塔魔方，但两者却大相径庭。魔粽的还原方法与三阶魔方十分类似，只是由于其形状特殊而稍有不同。

空心魔方

6. 空心魔方

空心魔方由日本的冈本胜彦发明，一般以三阶为主，结构与三阶魔方不同。由于没有中心块，所以它的还原比三阶魔方的难度高。

7. 镜面魔方

镜面魔方

镜面魔方是由三阶魔方衍生出来的最具有代表性的一种魔方，其结构和三阶魔方一样，都为正三阶立方体，只不过镜面魔方每个面的颜色都是一致的，但是它的每个块的大小是不一样的，因此它是通过区分块的大小来判断位置从而实现还原。

十二轴魔方

五魔方

五魔方是一种正十二面体魔方。它总共有 50 块可以移动的部分。

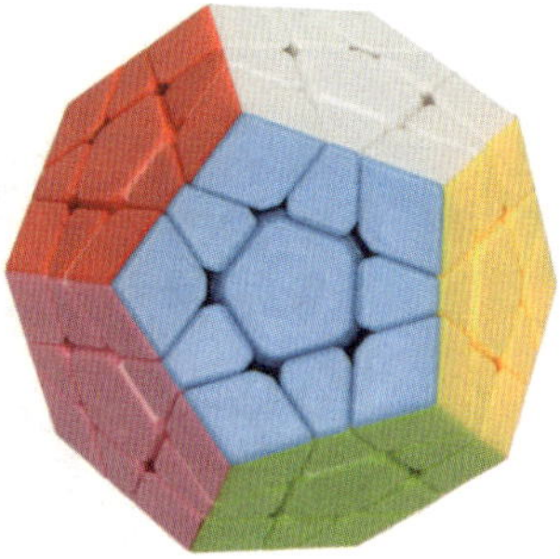
五魔方

最初被称为“魔法十二面体”，由一些立方体爱好者和研究人员共同发明。最终由梅弗特获得了它的发明权和制造权。

五魔方是十二面体结构，共有 12 个中心块、20 个角块和 30 个棱块。每个中心都有一种颜色，棱块有两种颜色，角块有 3 种颜色。每个面都有 1 个中心块、5 个角块和 5 个棱块。

虽然五魔方的外观看起来非常复杂，并且比三阶魔方的可移动部分多得多，但其还原方法并不比三阶魔方困难多少。因为它不是一个结构复杂的魔方，其可旋转的中间层可以与三阶魔方的中间层相比较。五魔方的许多还原方法都是从三阶魔方中总结和升华而来的。五魔方分为六色五魔方和十二色五魔方，其中六色五魔方的还原难度反而高过十二色五魔方，原因是六色五魔方有很多对颜色相同但是并不等价的可移动部分。六色五魔方作为棱块的这些可移动部分都不能随意替换，所以在还原的时候要进行大量的棱块替换，而十二色五魔方的棱块都不相同，所以没有这个问题。

其他魔方

除了以上介绍的常见魔方外，世界上还有一些“奇特”

SQ1 魔方

魔表

枫叶魔方

Redi 魔方

风火轮魔方

高阶魔方

的魔方。

这些魔方通常造型独特、新颖，颠覆大众对一般魔方的认知。玩家朋友们，你们还知道哪些奇特的魔方呢？

趣味小知识

1. 世界上最大的魔方

世界上最大的魔方长、宽、高各达到了 1.56 m，重达 100 kg，人们想旋转它需要双手同时使出最大的力气才能完成。

2. 世界上最小的魔方

世界上最小的魔方长、宽、高均只有 5.6 mm，几乎相当于一只蚂蚁的体积，旋转该魔方也十分困难，通常只能通过工具才能实现。

3. 世界上阶数最高的魔方

目前世界上阶数最高的魔方由格雷瓜尔·普芬尼希（Grégoire Pfennig）发明，它是 33 × 33 × 33 的立方体结构，换言之，这是一个三十三阶的魔方。

第 4 节　魔方 · 玩法

普通玩法

这类玩法一般是普通爱好者仅仅在业余时间通过魔方获得快乐的方法，并无很高的追求和标准，往往以还原出其中一面作为初级享受，操作过程中也无须科学的方法，还原魔方所用时长自然较长。有个 45 岁的英国建筑工人格雷厄姆 · 帕克（Graham Parker）一生热衷于魔方，可他将身边的一个魔方成功还原花费了 26 年的时间。

竞速玩法

竞速玩法也是目前魔方比赛最常见的玩法，该玩法的

要点为选手使用最简单的方法、最快的手速、最简练的步骤达到最快速还原魔方的目的。

最少步骤还原

选手在比赛中可携带最多3个魔方和若干的贴纸，通过提供的题目和纸笔，思考出题目中的魔方最少的还原步骤。其间可以转动魔方，但不可以使用其他的计算工具。比赛时间为统一的60 min，在60 min内，计算出最少还原步骤者为获胜者。将任意打乱的三阶魔方还原所需要的最少步数称为“上帝之数”，2010年7月“上帝之数”已被证明为20。到2019年，一名意大利选手用16步（截止到2022年8月21日）完成了魔方的还原，超越了人类先前对“上帝之数”的认知。

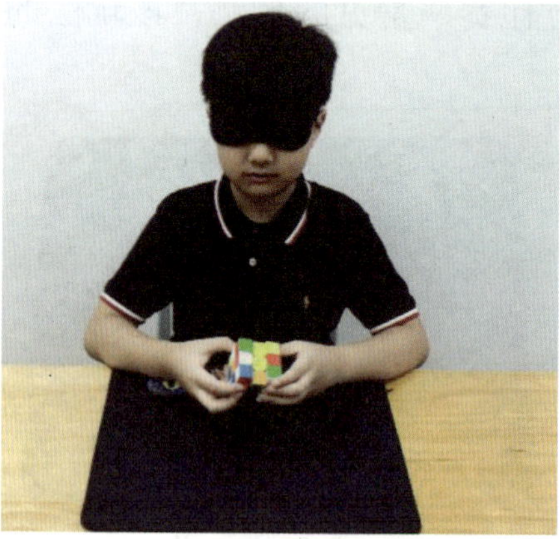

盲拧

盲拧项目类似于棋类项目的下盲棋。选手在观察完待还原魔方后，蒙上双眼，凭借记忆将魔方进行还原，该项目的计时规则为从观察魔方的那一刻开始计算直至完成魔方的还原。目前三阶魔方的单次盲拧世界纪录为 14.51 s（截止到 2022 年 8 月 21 日）。

单拧

单拧是用一只手旋转魔方将其还原。目前三阶单拧单次世界纪录已经达到 6.82 s（截止到 2022 年 8 月 21 日）。

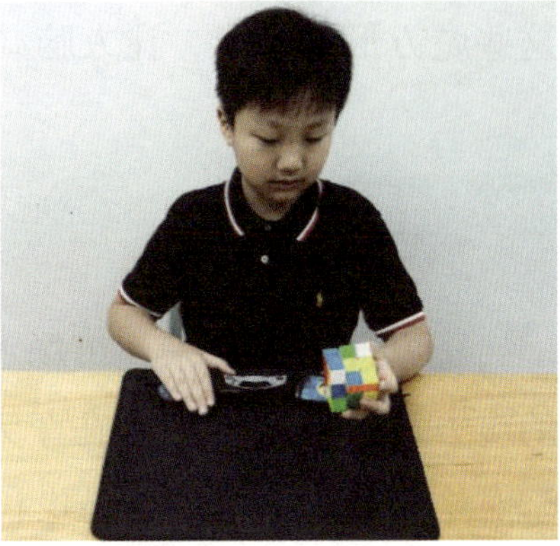

脚拧

脚拧是用双脚旋转魔方将其还原，由于该项目较为小众，2020 年世界魔方协会的比赛中已经取消了该项目。

花式拧法

花式拧法是利用魔方的颜色和移动创造不同搭配的图案，通常用三阶甚至多阶魔方进行操作。这一玩法难度很高，因为每旋转一个块都会对花纹产生很大的影响。

除了以上这些以还原魔方为目的的常规玩法，玩家们也开发了一些另类有趣的特殊玩法。

魔方设计和组装

通过对魔方结构的理解，设计组装出各种异型魔方，这些魔方形态各异，让人脑洞大开，具有很强的观赏价值。

魔方的收藏

魔方自问世以来，市场上已经生产出各种形状和款式的魔方，有些魔方甚至在今天已经绝版了。有些玩家热衷于对这些绝版魔方进行寻找和收藏。

魔方的玩法现如今已经多种多样，玩家们往往可以乐在其中，感受魔方变化之美、文化之美。

阅读本书的你也可以开动脑筋，感受它的奥妙，或许不久的将来，一个广受欢迎的新玩法就是属于你的。

第5节 魔方·魅力

为何那么多人都对魔方如此的专注而痴迷呢？魔方又具备哪些超人的魔力？

据专家研究发现，魔方可以使人的以下九大能力得到锻炼和提升。

1. 眼力

魔方色彩丰富，高速旋转之下，眼睛需要不停地观察各种块的变化。

2. 耐力

魔方的变化较为复杂，并不能一蹴而就，这就需要玩家能够在旋转的过程中保持足够的耐力，不气馁、不放弃，最终才可以完成还原。

3. 手力

魔方是手部的艺术，通过双手的协同操作，可以很好地锻炼手的灵活性和协调能力。

4. 记忆力

在还原魔方的过程中，时刻需要回忆指令，记忆位置，这就大大锻炼了玩家的记忆力。

5. 空间判断力

在还原魔方的过程中，需要不停地在各个面来回地判断如何协同调整以达到最快速还原的目的，无形之中锻炼了自己的空间判断力。

6. 注意力

还原魔方的过程使得玩家乐在其中，不停琢磨，专注忘我。

7. 反应速度

速拧魔方瞬息万变，可锻炼玩家的反应速度。

8. 自信心

通过不停地完成一次次的还原，增加了玩家的自信心。

9. 心理素质

目前国内外魔方比赛众多，在竞技比赛过程中，你追我赶、电光石火，玩家要具备强大的心理素质才能保证判

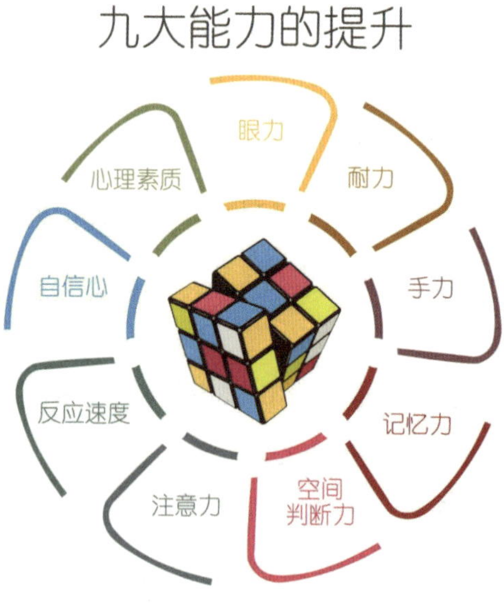

断正确，快速完成比赛，赢得好成绩。

随着竞技魔方的发展，魔方也深入到了少儿培训中，近年来，越来越多的少儿投入到了专业魔方的学习和训练中去，总结下来魔方的普及带来了以下的一些改变。

（1）从少儿开始锻炼九大能力，寓教于乐中帮助孩子们赢在起跑线。魔方的还原过程是一个观测、操作、思考集于一体的过程。在快速的操作中，需要做到双手与思维同步运行，通过在一秒内多步思维的思考反应到双手每秒3步甚至更多步骤的协同操作，其中，需要孩子们注意力高度集中。在竞技环节又要求选手克服自身的紧张，做到“泰山崩于前而色不变”，同时肢体末端的运动可促进全身的内循环，这对于孩子们来说无疑是一个项目训练了多种能力，也十分有益于身心的发育和成长。

（2）加深对专业知识的认识。魔方发明的最初目的其实是让人们能够增强自身对于空间感的理解和结构的分析。随着对魔方深入的研究，人们发现，魔方其实可以与多个学科关联：从结构上来说，魔方可以与立体几何、建筑学相联系；从工艺方面来说，魔方可以与机械、机电一体化、产品设计相联系；从原料上来说，魔方可以与化学、化工和材料学相联系；从内涵上来说，魔方可以与数学建模、计算机分析相联系。通过学习魔方，具有不同专业知识的学习者能从中得出不同的感悟，并对相关专业产生新的认识。

（3）培养毅力和耐力。魔方学习并不是一蹴而就的，需要伴随着长期的训练和对困难的克服，这就需要玩家不断打磨心性，迎难而上。

（4）随时随地、随心所欲。魔方学习的成本较低，一个魔方价格往往只需几十元到几百元不等，和当下动辄上千元的学习产品相比具备天然的经济优势。同时魔方体积小、携带方便，可以随时随地使用，这就大大增加了它在各个场合的使用概率。

（5）交流互动。魔方为智力游戏，所有魔方爱好者均抱有追求精湛技艺的目的。因此，在日常的交流中，往往可以结交志同道合的朋友，拓宽自身的视野。

可以说，学习魔方将为学习者带来一个终身受用的爱好和技能。

神奇的“三阶”

第1节 三阶·结构

魔方，很多人都听过，也有很多人玩过，但是能还原魔方的却寥寥无几。很多人都会觉得魔方是具有“魔力”的，因为打乱后便再也不能复原了。其实并不是这样的，魔方还原是有一些难度，但却是有一定规律的，只要我们认真学习、掌握方法、耐住性子，便可征服魔方这个神奇的智力玩具。

魔方中最具有代表性的便是三阶魔方，三阶魔方就是我们日常最常见的魔方，正方体结构，一共6个面，每个面有3排，每排有3格，所以每面都有9格。常规的三阶魔方6个面为6种不同的颜色，一般是白、黄、红、橙、蓝、绿这6种颜色，且配色顺序基本都为白黄互对，红橙互对，蓝绿互对，并且若白色在下黄色在上，绿色在后蓝色在前的话，则一定是橙色在左红色在右。

三阶魔方颜色分布

三阶魔方是由26个小立方体色块组成，分为3层，从上到下分别为顶层、中间层和底层。同时，按照这些色块的位置，又可以分为中心块、角块和棱块，下面我们就具体介绍一下这 3 类色块。

中心块

中心块是指每个面最中间的一个色块，所以它只有 1 种颜色，每个魔方有 6 个中心块，它与魔方最内部的轴相连接。正因如此，它的位置是固定不变的，中心块的颜色也就代表了这个面的颜色，所以正如上文所说，每个魔方的颜色顺序都是固定的。我们可以随意旋转一个魔方，这时候会发现无论我们怎么去旋转，变化的只有中心块四周的颜色，中心块是不会改变颜色的。

角块

角块是魔方顶角位置的色块，每个角块有 3 种颜色，一共有 8 个角块，分别与每个颜色所属的中心对应，例如白红蓝角块，若魔方还原后则相应对应白

色、红色、蓝色 3 个中心块。8 个角块的颜色分别为白红绿、白绿橙、白橙蓝、白蓝红、黄红绿、黄绿橙、黄橙蓝、黄蓝红。

棱块

棱块是每 2 个角块中间夹着的色块，每个棱块有 2 种颜色，这 2 种颜色和与它相邻的中心块一致，每个魔方上有 12 个棱块，分别是白红、白绿、白橙、白蓝、黄红、黄绿、黄橙、黄蓝、红蓝、红绿、橙蓝、橙绿棱块。大家可以发现一个常规魔方里不会出现白黄、红橙、蓝绿棱块。若是手中魔方出现这 3 种颜色的棱块，则需要检查魔方是否出错。

课后思考

1. 如果转动魔方的中间层，中心块之间的位置关系会改变吗?
2. 哪些颜色不可能在同一角块中出现?
3. 中心块、棱块和角块三者之间的位置可以调换吗?

第2节 三阶·还原原理

在学习三阶魔方还原方法之前，很多人会认为三阶魔方是一个面一个面还原的，先是还原第 1 个面，然后是第 2 个面，直至还原出最后一个面。所以当他们还原出一面、两面甚至更多面以后，会觉得自己离成功不远了，这其实是一个误区，在三阶魔方的众多还原方法中并不包含“面先”这种方法。接下来，我们将以最为适合初学者入门的三阶魔方还原法——“层先法”进行三阶魔方还原的讲解。

顾名思义，“层先法”是一层一层地还原魔方，三阶魔方一共有 3 层，我们需要从底层开始还原，然后还原中间层，最后还原顶层。按照这样的顺序，结合正确的步骤，我们就能很快还原三阶魔方了。

我们可以把这一过程看成盖楼房的过程。当我们需要盖一栋三层小楼房时，首先得打地基，然后完成第 1 层楼的搭建，之后我们才可以进行第 2 层楼的搭建，直到第 2 层全部完工后，我们再搭建第 3 层楼，这样三层小楼才能竣工。这就是“层先法”还原三阶魔方的全部过程。

“层先法”一共分为 8 步（以白色作底面为例，以下均为白色作底）。第 1 步构筑黄色小花，第 2 步构筑白色十字架，这两步可以理解为盖楼理论中的打地基；第 3 步为还原底层，这个过程相当于搭建第 1 层楼；第 4 步为还原中间层 4 个棱块，同理也就是搭建第 2 层楼；第 5 步构筑黄色十字架，第 6 步还原黄色一面，第 7 步调整黄色角块位置，第 8 步调整黄色棱块位置（还原魔方），后 4 步合起来相当于搭建第 3 层楼直至竣工。还原三阶魔方，需要把之前的步骤完全做完才可进行下一步，例如我们在做第 4 步的时候，必须确保前 3 步的步骤均已完成，不可有遗漏，否则就无法继续进行下去。

第 1 步：黄色小花

第 2 步：白色十字架

第 3 步：白色底层

第 4 步：中间层

第 5 步：黄色十字架

第 6 步：黄色一面

第 7 步：黄色角块

第 8 步：黄色棱块

开动脑筋

1. 三阶魔方可以只还原 5 个面吗？
2. 三阶魔方最后可以先做棱块再做角块吗？
3. 在还原的过程中每个色块是否有专属于自己的位置，如果有，怎么判断？

第 3 节　三阶 · 基础手法

在开始学习还原魔方之前，我们首先要掌握魔方的握姿以及旋转手法。只有拥有正确的握姿和熟练的旋转手法，才能“漂亮”地还原魔方，并且在速度上得以提升，才能在以后魔方提速学习中事半功倍。

魔方握姿

如何去握持一个三阶魔方？在这里先举一个例子，双手端茶杯敬茶，需要将左右手做成环状放在胸前。同样，我们握持魔方也是这样的姿势。大多数人都是右手灵活，因此我们都以右手为例，如习惯用左手的话，则正好相反。先看左手，我们需要将左手大拇指放在正面（靠近自己这面）的中心块上，中指和无名指分别放在背面的中心块和中心块靠下方的位置，这三根手指捏住魔方，然后将小拇指放在魔方的底面或者背面；右手是将大拇指放在正面右层棱块上，小拇指托住魔方底面，食指、中指和无名指依次放在背面靠右方。为了便于讲解，今后的学习中我们可以分别用字母 F（front）、B（back）、R（right）、L（left）、U（up）、D（down）来表示魔方的 6 个面（正面、背面、

右面、左面、顶面、底面）。

旋转手法

在学会了魔方如何握持后，我们就要开始学习魔方的旋转手法了。先来了解一下魔方旋转的一些指令。以右手为例，“上”指将右层向上旋转 90°，“下”指将右层向下旋转 90°，“拨”指将顶层向左旋转 90°，“回”指将顶层向右旋转 90°，“压”指将正面层顺时针旋转 90°，“提”指将正面层逆时针旋转 90°。同样，我们也用 R、R’、U、U’、F、F’来表示指令“上、下、拨、回、压、提”（其他指令在后续教学中讲解）。

在基础还原中我们只需要学会两组指令动作即可。第 1 组指令是拨上回下（U R U’ R’），该指令手法需要将两个大拇指放在正面起手，用右手食指向左拨动顶层完成 U，R 是用右手手腕向上转动右层，此时的大拇指不可离开魔方，须随着右层一起转到顶面，U’是用左手食指向右拨动顶层，让顶层在右手大拇指下面划过，最后右手手腕向下转动右层完成 R’。对于一个初始状态下的魔方，只要连续做 6 次拨上回下（U R U’ R’）指令，即可还原至初始状态。我们要多练习这组指令，如果能在 3 s 内完成连续 6 次共 24 步拨上回下（U R U’ R’）指令，那便是一个相当优秀的成绩了。第 2 组指令是压提（F F’），F 是用右手食指向下压使正面层顺时针转动，F’ 则需要用右手大拇指向上提动正面层形成逆时针转动。

U: 顶层向左旋转 90°

R: 右层向上旋转 90°

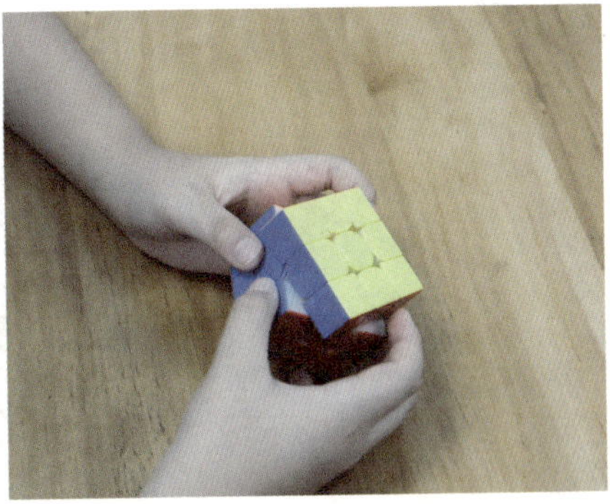

U’：顶层向右旋转 90°

R’：右层向下旋转 90°

F: 正面层顺时针旋转 90°

F'：正面层逆时针旋转 90°

课后练习

1. 熟练掌握如何抓魔方。
2. 指令拨上回下（U R U' R'）手法练习，连续 6 次为一组，要求每组 5 s 内完成。

第4节 三阶·还原步骤

黄色小花

还原三阶魔方的第一步是拼出一个黄色小花，由黄色中心块加 4 个白色棱块组成。在做黄色小花时首先需要找到黄色中心块，并将其朝上置放。接下来寻找 4 个白色棱块将其转动至黄色中心块四周即可。

在学习之前，我们可以先思考一下自己能否直接将黄色小花拼出来，在转动过程中我们要多观察白色棱块位置的变化，多思考如何用最少的旋转次数将白色棱块转动到指定的位置。

下面，我们正式进入三阶魔方第 1 步构筑黄色小花的教学。

首先，我们需将黄色中心块所在的面朝上，然后依次观察其他面寻找白色棱块的位置，找到棱块后根据以下 3 类情况按对应的指令旋转魔方，使白色棱块转动到指定位置，完成黄色小花的构筑。

第 1 类是白色棱块位于第 2 层时，这时候我们需要把白色棱块面对着自己，再根据白色棱块所在的位置，在右层就用右手做指令上（R），在左层就用左手做指令上（L’，指左层向上旋转 90°），将白色棱块转动到顶层。

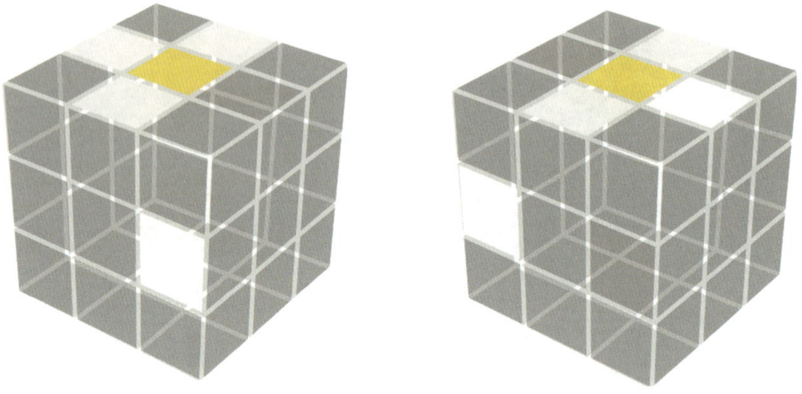

第 1 类

第 2 类是白色棱块位于顶层或底层侧面时，我们需要先做一个指令压（F）或者提（F’），将白色棱块位置转动到第 1 类情况时所在的位置，然后再按第 1 类情况的方法进行旋转即可。

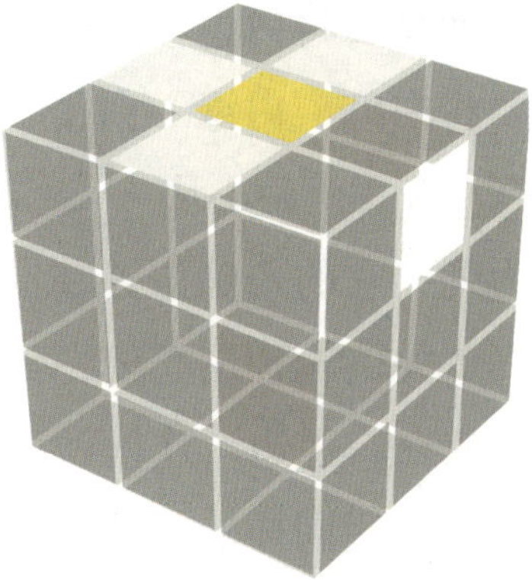

第 2 类

第 3 类就是当我们发现 4 个侧面已经没有白色棱块，黄色小花还没构筑好时，我们便需要到底面去寻找，找到后要将白色棱块转动到相应空缺处的下方，如果空缺处正好在右层，只要连续做两次指令上（R），白色棱块便转动到顶层的位置了。

课后思考

1. 构筑黄色小花时含白色的角块位置需要考虑吗？
2. 各类情况下，如何更简单地构筑黄色小花？

白色十字架

当我们顺利完成黄色小花后，就要进入到白色十字架的构筑过程了，也就是要将白色棱块转动到白色中心块所在的底层，同时要将白红、白绿、白橙、白蓝棱块分别对应侧面红、绿、橙、蓝 4 个中心块。

以白红棱块为列，它的正确位置在白色中心块和红色中心块之间，我们首先旋转顶层，使白红棱块与红色中心块对齐，然后将其放在右手边，连续做两次下指令（R’），使白色棱块归位。我们用同样的方法依次让其余 3 个棱块归位。

4 个白色棱块都归位后，我们也就完成了白色十字架的构筑。这里要特别提醒大家，在棱块与同色中心块对齐的过程中，我们仅需旋转顶层来实现，同时，4 个棱块归位后一定要检查是否与同色中心块全部对齐，否则将无法进行下一步的还原。

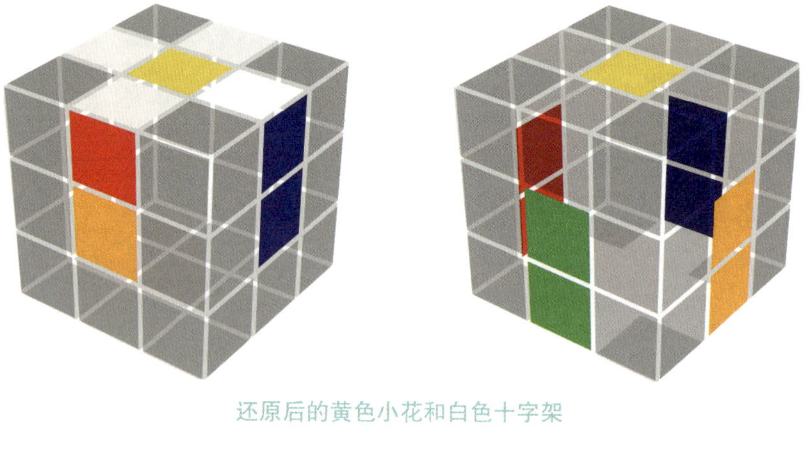

还原后的黄色小花和白色十字架

课后思考

1. 是否可以跳过黄色小花直接构筑白色十字架？
2. 从黄色小花到白色十字架这一过程如何减少旋转的次数？

白色底层

在我们完成白色十字架后，我们的“地基”算是完成了，接下来就到了白色底层的还原。通过观察可以发现，现在的底层只有4个白色角块没有归位了，所以当4个白色角块归位后，我们便完全还原了底层。下面我们根据白色角块归位前位置的不同，分5种情况，一一讲解。

1. 正确块

正确块是指白色角块已经完全归位。如果构筑完白色十字架后，出现了正确块，恭喜你，运气不错，这时我们可以进行下一个白色角块的还原了。

正确块

2. 错误块

错误块是指白色角块的白色面已经朝下，但是左右两个侧面与相邻的中心块颜色不同，这种情况看似白色角块已经归位，但其实是错误的。此时，我们需要根据其所在的位置进行还原：如在右层，就用右手做指令拨上回下（U R U’ R’）；反之，就用左手做指令拨上回下（U’ L’ U L）。这时错误块将变为“大炮”块（“大炮”块下文讲解），然后再将其还原。

错误块

3. **“大炮”块**

白色角块位于顶层，且白色面在侧面，这种情况，可以把白色面想象为一个大炮的炮口，所以我们称此角块为“大炮”块。“大炮”块顶面的颜色将决定其所属的位置。下面来介绍“大炮”块的还原过程。

“大炮”块

首先，要观察“大炮”块顶面的颜色；然后将“大炮”块白色面转动到与此角块顶面颜色相同的中心块所在的面，并将这个面朝向自己；最后根据“大炮”块所在的位置，用右手做指令拨上回下（U R U’ R’），或者用左手做指令拨上回下（U’

右手大炮

左手大炮

L’ U L)。

4.“潜水艇”块

白色角块位于底层，白色面在侧面时，我们称之为“潜水艇”块。

将“潜水艇”块的白色面朝向自己，仍然是右手做指令拨上回下（U R U’ R’），或者左手做指令拨上回下（U’ L’ U L），使“潜水艇”块转动到顶层。我们发现，

“潜水艇”块

“飞机”块

现在又变成了“大炮”块，此时，用“大炮”块的还原方法即可。

5.“飞机”块

白色角块位于顶层且白色面在顶面时，我们把它叫作“飞机”块。首先我们要观察“飞机”块除白色面以外的两个面的颜色，同时找出相应颜色的中心块；然后将“飞机”块转动到两个中心块之间；最后，再连续做3次指令拨上回下（U R U’ R’或U’ L’ U L），还原白色角块。

通过以上不同的方法，我们就可以顺利地还原魔方的底层了，是不是很简单呢？接下来，就要进入还原中间层的学习。

还原后的白色底层

课后思考

1. 如果同时看到了“大炮”块和“飞机”块，优先还原哪一个呢？为什么？
2. “潜水艇”块在什么位置上时，还原的步骤最少？

中间层

在完成还原底层后，就相当于房子的第一层楼已经盖好了，我们需要盖第二层楼。那么，三阶魔方的中间层都有哪些色块呢？通过观察可以发现，中间层是由中心块和棱块组成。前文已经讲过，中心块是固定的，我们无法旋转，所以，只需要把棱块归位，中间层也就还原了。我们可以先在顶层找到中间层所需要的棱块。这是为什么呢？原因是一个三阶魔方，如果顶层是黄色，那么中间层的棱块是不可能有黄色的。我们在顶层找到不带黄色的棱块后，根据侧面颜色，将其转动至与中间层中心块同样颜色的上方，并把中心块朝向自己。

调整顶层红蓝棱块位置

随后，观察此棱块顶

还原红蓝棱块

中间层红绿棱块调整至顶层

还原后的底层和中间层

层的颜色所对应的中心块在右层还是左层，如果在右层，就用右手做指令拨上回下（U R U’ R’），反之，则用左手做U’ L’ U L。完成上一步后会发现顶层出现一个白色“大炮”块，此时再把“大炮”块归位即可。然后一个棱块一个棱块的去还原，直至顶层棱块全部归位。

在以上步骤做完之后，如果发现中间层还有与中心块颜色没有对齐的棱块时，说明棱块的位置出现了错误。这时，需要在错误棱块的位置做指令拨上回下（U R U’ R’ 或U’ L’ U L），再把出现的“大炮”块归位。随后重复之前的步骤，直至中间层完全还原。

黄色十字架

还原了两层后，离成功还

原三阶魔方越来越近了，下面我们就开始顶层还原的教学。

首先需要的是构筑顶层的黄色十字架，这时候大家可能会觉得黄色十字架和白色十字架差不多，可迅速地用同一方法构筑出来，其实这是错误的。在我们构筑黄色十字架的时候需要保证其他两层不受影响，这就需要用到另一组指令了——压（F）、提（F'）。

压 (F)

提 (F')

这组指令的手法在之前讲过，我们需要多加练习。大家注意旋转的时候手的幅度不能过大，也不能太用力，否则容易旋转不到位或者超过 90°，这样会影响下一步的旋转。

此时，顶层的中心块和棱块会出现 4 种组合的情况。第 1 种便是直接出现了黄色十字架，这时，我们可直接进入后面的步骤。

第 2 种是出现黄色“弯钩”，我们将“弯钩”摆成“九点钟”的图案，然后做指令压拨上回下提（F U R U’ R’ F’）即可形成黄色十字。

第 3 种为黄色“一字”型，我们把这个“一字”横放在顶层，做指令压拨上回下拨上回下提［F（U R U’ R’）×2F’］。

“弯钩”型

“一字”型

“点”

第 4 种，如果没有上述 3 种情况，那我们认为只有黄色中心块这一个“点”，这时做（“弯钩”）指令压拨上回下提（F U R U’ R’ F’），随后会出现“一字”型，再根据“一字”型指令完成。

还原后的黄色十字架

黄色一面

还原黄色一面，就是要把所有顶层角块的黄色面转动到顶面。

首先，我们要将魔方转体 180°，使顶层与底层互换。然后将黄色角块放到右层靠近自己的位置，连续做指令拨上回下（U R U’ R’），直至黄色角块的黄色面转动到底面。接着继续还原其他角块，特别要注意的是我们必须将其余角块依次转动到右层靠近自己的位置再做指令，而且只能通过旋转底层来调

顶层与底层互换

整角块的位置。在还原黄色角块过程中我们能发现其他两层会被暂时破坏，但完成所有黄色角块还原后这两层也同时被还原了。

两遍指令

四遍指令

通过练习可以发现，当黄色角块黄色面在正面时做两遍指令拨上回下（U R U’ R’）即可完成，而黄色面在右面时则需要做四遍指令。

还原后的黄色一面

注意 大家想一想，如果黄色角块放在左层靠近自己的位置时，是否也能还原？

黄色角块

还原黄色一面后，我们要在这一层同一侧面上找到两个颜色一致的角块，称之即为“眼睛”，找到“眼睛”后，将此面面向自己，然后将魔方整体旋转 90°，使黄色面面向自己。

“眼睛”

旋转 90°

随后做指令上回上底底下拨上底底下下（R U’ R D2 R’ U R D2 R’2），做完后我们会发现四个侧面都出现了“眼睛”，所以这个指令我们叫作“四眼”指令。指令中的底（D）指将底层向右旋转 90°。

假如开始时找不到“眼睛”，我们则直接把黄色面面向自己做“四眼”指令，做完后就可以找到“眼睛”了。

还原后的黄色角块

黄色棱块

在完成“眼睛”指令后，如果发现有一面（除之前已还原的白黄两面外）已经还原，需将此面转动至背面，黄色面转动至顶面，然后做指令（一次或两次）上回上拨上拨上回下回下下（RU’RURURU’R’U’R’2）。

注意　大家思考一下，当四个侧面没有一个面是还原的情况下，我们该怎么办？用上述指令试一试吧。

至此，三阶魔方已完全还原，大家学会了吗？

实例讲解

在学习完以上还原步骤和旋转指令后，我们只要多加练习，便能轻松地还原一个任何可还原状态下的三阶魔方了。下面，通过一个实例讲解，再来巩固一下我们的学习成果。

首先将一个还原好的魔方按以下指令打乱，注意，打乱之前需将白色面置于顶面，绿色面面向自己。

D’ B L D2 B2 D’ R2 U F2 R2 D2 R2 U F2 L B2 U F R U’ L’（B，指背面层逆时针旋转 90°）。

打乱后的魔方及其展开图

拼出黄色小花，可以看出黄色中心块边上已经有一个花瓣（含白色面的棱块）；红、橙两个花瓣在中间层，可以直接旋转归位；最后一个蓝色花瓣在底层，先将其转动到空缺处下方，再旋转归位。

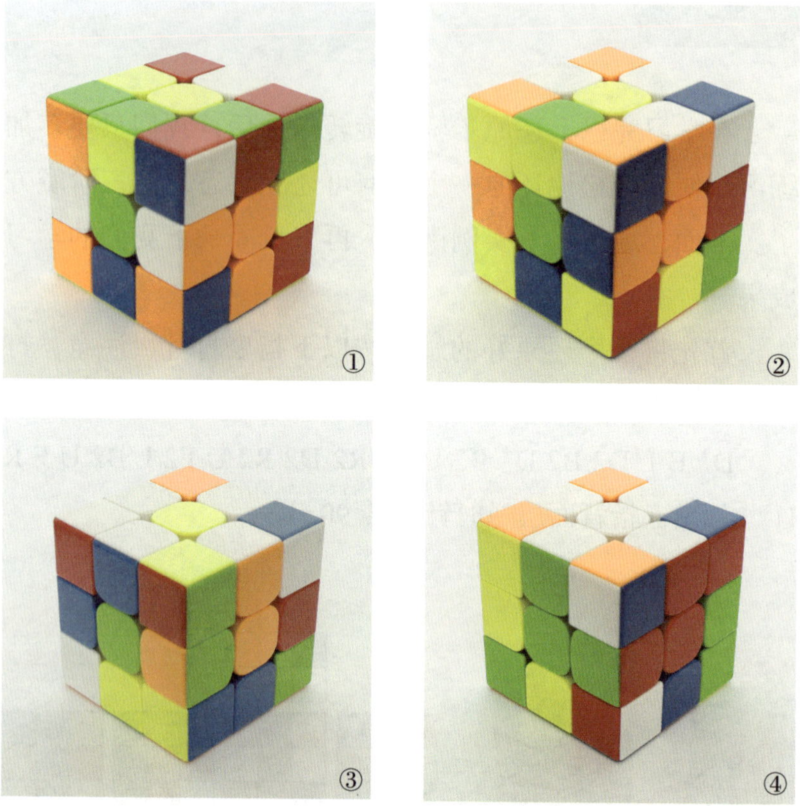

构筑黄色小花（①②③）和白色十字架（④）

黄色小花构筑完成后，通过观察我们发现红、橙两个花瓣已经与红、橙两个中心块对齐，所以直接将它们转动到底层，然后通过旋转顶层依次将绿、蓝花瓣与同色中心块对齐，再转动到底层，这样白色十字架也构筑好了。

此时可以见到顶层有红蓝、橙绿的“大炮”块，还有红绿“飞机”块，底层则有橙蓝“潜水艇”块。我们选择先调整红蓝“大炮”，再调整橙绿“大炮”；调整完后发现红绿“飞机”块正好在相应的中心块之间了，所以不需要再调整位置，直接做三次指令 U R U’R’ 即可归位；最后一个橙蓝“潜水艇”现在已经被转动到了顶层，变成了“大炮”，调整完这个“大炮”，白色底层就顺利还原了。

在还原好第一层后我们来到第二层的还原。这时需要先观察魔方，此时发现顶层有红蓝、橙蓝两个棱块可调整，我们选择先调整红蓝棱块。首先将红蓝棱块与中间层

还原第一层

的蓝色中心块对齐（已经对齐），这时可以看到中间层红色中心块出现在右边，做指令 U R U’ R’ 将白色底层转动到面对自己的位置，再做指令 U’ L’ U L，这样红蓝棱块便归位了，接下来用同样的方法让橙蓝棱块归位。调整完橙蓝棱块后会发现顶层又出现了一个橙绿棱块，我们继续完成橙绿棱块的还原。随后，我们看到中间层已经完全还原。

注意 这个实例中没有出现错误棱块，但错误棱块在大部分的实例中都会出现，如果出现，则要按照之前所学的方法，先将错误棱块转动到顶层。

还原第二层

最后，我们开始顶层的还原。先要构筑顶层黄色十字架，这时出现的是黄色“一字”型，所以做指令 F（U R U’ R’）×2F’ 即可。

构筑黄色十字架

黄色十字架构筑完成后，可以看到顶层 4 个角块中有一个已经归位，我们将魔方黄色顶层和白色底层互换，3 个未归位的角块依次转动到右下角，根据黄色面的位置，做两遍或四遍指令 U R U’ R’。

顶层与底层互换后还原

黄色一面还原后，我们再次将黄色层和白色层互换，开始寻找“眼睛”，这时可以看到一个红色的“眼睛”，调整位置，把“眼睛”放置底面，黄色面朝向自己，做指令R U’ R D2 R’ U R D2 R’2。现在，橙色面已经还原，将其转动到背面，做指令R U’ R U R U R U’ R’ U’ R’2，完成后魔方并未还原，于是再做一遍指令R U’ R U R U R U’ R’ U’ R’2 即可。

完成三阶魔方还原

课后思考

根据以下指令打乱魔方并完成还原。

（1）F2 B’ D R B’ D’ F’ U’ L2 U2 R’ D2 B2 D2 B2 R’ U2 F2 R B

（2）R2 B’ R’ U2 R2 B2 L2 D’ F2 U’ B2 L2 D’ L2 R’ B’ L’ F’ U B R’

第5节 三阶·初级提速

学会了三阶魔方的基础还原法——“层先法”后，虽然我们可以轻松地还原魔方，可是整个还原过程却需要花费很长的时间。为了能够快速且准确地还原魔方，玩家们一直在研究如何在“层先法”的基础上通过合并、优化一些步骤来精简还原过程。但是在步骤优化的同时，相应产生的情况变化也会随之增多，我们则需要分辨更多的情况，记住更多的指令。下面，我们来选择一些简单高效的提速方法进行讲解。

十字O

之前的方法中，我们在构筑完黄色十字架后，需要将魔方转体180°，再还原黄色一面，这种方法学习起来简单，但是步骤繁琐。其实，黄色一面可以在不转体的情况下直接还原。现在我们就来学习一些新的指令。在三阶魔方的提速玩法中，还原黄色一面称作OLL，还原指令叫作O。一共可分为7种情况。

1. 左“小鱼”

黄色十字架带一个黄色顶面角块，形似“小鱼”，其他角块黄色面在左边，称为左“小鱼”。将“鱼头”放在左上方，做指令 R’ U’ R U’ R’ U2 R。

2. 右“小鱼”

其他角块黄色面在右边，称为右“小鱼”。将“鱼头”放在左下方，做指令 R U R’ U R U2 R’。

左“小鱼”

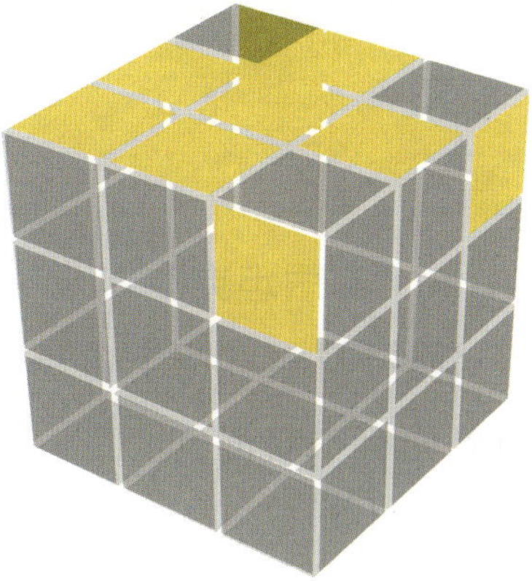

右“小鱼”

3.“双眼”十字

顶层除黄色十字架外没有其他黄色面，且侧面有两双黄色眼睛，称为“双眼”十字。任意一双“眼睛”朝向自己，做指令 F（U R U’ R’）×3 F’。

4.“单眼”十字

侧面只有一双黄色“眼睛”，“眼睛”放在左边，做指令 R U2 R’ 2 U’ R2 U’ R’ 2 U’ 2 R。

“双眼”十字

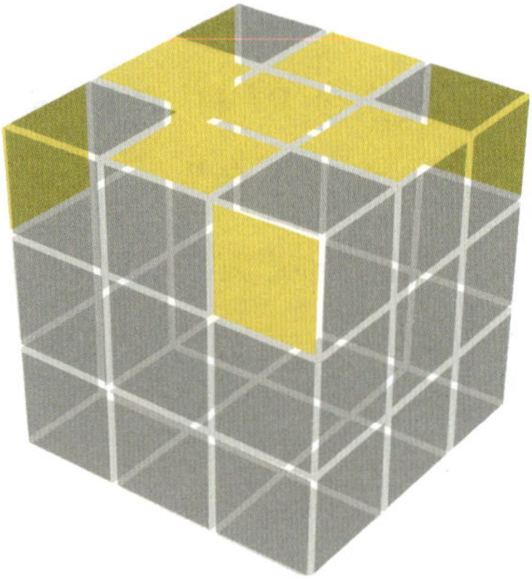

“单眼”十字

5.“有眼坦克”

顶层同侧有两个角块已归位，形成“坦克”图案。同时侧面有一双黄色“眼睛”，将“眼睛”转动至背面，连续做左“小鱼”和右“小鱼”指令 R’ U’ R U’ R’ U2 R2 U R’ U R U2 R’。

6.“无眼坦克”

侧面没有“眼睛”时，将未还原的两个角块放在左边，做指令 r U R’ U’ r’ F R F’。r 是指右边两层同时向上旋转 90°。

7.“中国结”

顶层对角有两个角块已归位，形成“中国结”图案。寻找在右层且可将黄色面朝向自己的角块，做指令 F’ r U R’ U’ r’ F R。

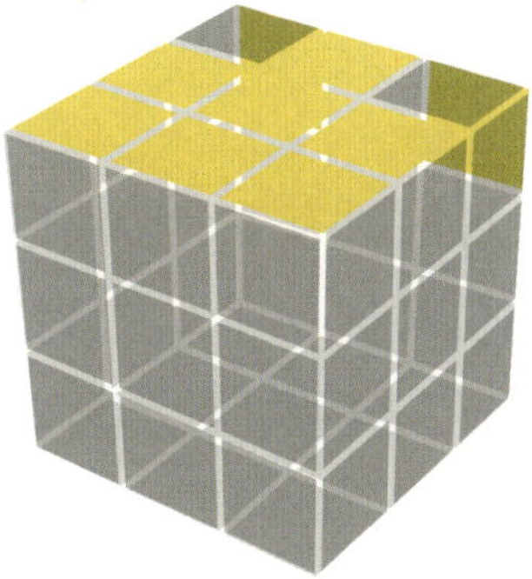

“有眼坦克”

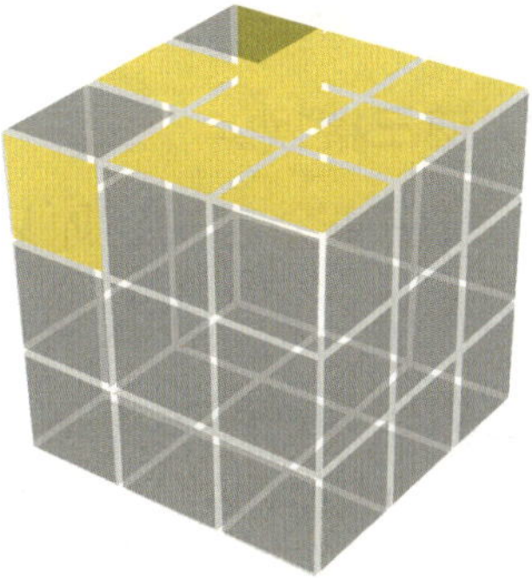

“无眼坦克”

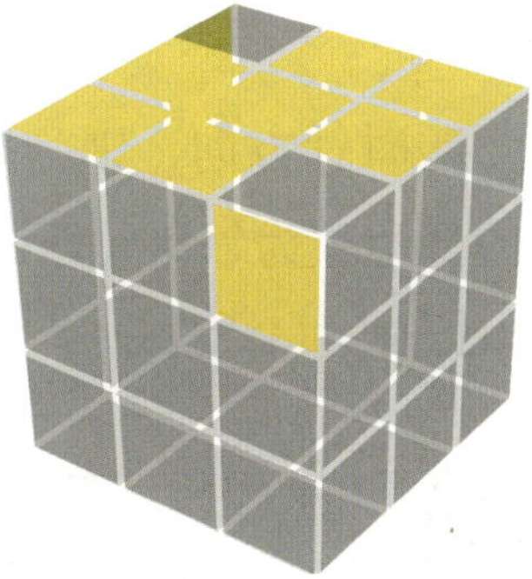

“中国结”

棱 P

我们将顶层棱块的归位称作 PLL，归位指令叫作 P。在形成四双“眼睛”后，需要做一到三遍“层先法”的最后一条指令来调整棱块的位置，才能完全还原魔方，而且大部分的情况下都要做两遍或者三遍指令。如何优化这一过程？这里，我们就要运用到指令棱 P。下面开始介绍四种棱 P。

1. 逆三棱换

当顶层 4 个角块还原后，发现同时有 1 个棱块已经归位，那么将其余 3 个棱块调整归位的指令称为三棱换。如果调整顺序为逆时针方向，即为逆三棱换。我们将已归位的棱块（已还原的一面）转动到背面，此时可以发现右边和正面两个棱块的颜色互为对色（蓝绿或红橙），做指令 R U’ R U R U R U’ R’ U’ R2。

2. 顺三棱换

棱块调整顺序为顺时针方向，则为顺三棱换。这时右边和正面两个棱块的颜色互为邻色（红绿或蓝橙），做指令 R2 U R U R’ U’ R’ U’ R’ U R’。

逆三棱换

顺三棱换

在学习另外两个棱 P 之前，我们先学习一个新的指令及手法：中上（M’），意指左右两层之间的中间层向上旋

中上（M’）

转 90°，它的手法为左右手抓住魔方的两侧，用右手无名指从背面推动中间层，使其旋转。

3. 对棱换

当顶层 4 个棱块均未能归位，且相对面棱块颜色均为对色，互换棱块位置称为对棱换，做指令 M2 U’ M2 U’2 M2 U’ M2，M 指中间层向下旋转 90°。

对棱换

4. 邻棱换

当每个相邻面棱块颜色均为邻色，互换棱块位置称为邻棱换。将需要互换位置的两个棱块分别放至左边和正面，做指令 M’ U’ M2 U’ M2 U’ M’ U2 M2。

邻棱换

只要能够熟练掌握以上几个初级提速指令，再加强手法训练，提升旋转速度，大家就能顺利地在 40 s 内还原三阶魔方了。当然，要想达到竞速的水平，还需要学会更多的方法和指令。本书仅为魔方的入门基础教程，在这就不作深入讲解，大家感兴趣的话可以自行学习和研究。下一章，我们将进入二阶魔方的还原教学。

课后练习

根据以下指令打乱魔方并运用“十字 O”和“棱 P”完成还原。

（1）B2 U' L2 D' L2 U2 R2 F U' L B2 R B2 D2 F2 R' B2 U'

（2）R D L2 B2 D2 L2 U B2 F2 U L' F' U B' L' B2 U L F2

（3）F2 R U2 D’ B L’ F’ D’ B D L2 F2 U2 D R2 D B R2

奇妙的“二阶”

第1节 二阶·结构

二阶魔方又称口袋魔方、迷你魔方、小魔方、冰块魔方。与三阶魔方一样，也是一个六轴结构的正立方体，6个面常规情况下分别为6种不同的颜色。与三阶魔方不同的是，二阶魔方由8个立方体组成，我们称这些立方体为“角块”。二阶魔方没有三阶魔方中的棱块和中心块，结构看起来比三阶魔方简单许多，所以会导致很多人误以为二阶魔方还原起来非常容易，其实并非如此。虽然可以借鉴三阶魔方的还原方法，但还是有很多不同。比如说二阶魔方没有中心块，无法像三阶魔方那样通过中心块来确定每个面的颜色，所以二阶魔方就比较灵活。以白色面为例，三阶魔方必须在白色中心块所在的面还原出白色面，而二阶魔方却可以在任何一个面还原出白色面，这就需要我们通过观察、思考、判断，作出最佳选择。

二阶魔方和八个角块

第2节 二阶·还原步骤

还原二阶魔方的基本原理与还原三阶魔方大致一样，我们可以借鉴三阶魔方的“层先法”来还原二阶魔方。上文提到，二阶魔方只有角块，没有中心块和棱块，所以仅需要保留三阶魔方还原角块的步骤。让我们先来回忆一下还原三阶魔方的 8 个步骤：第 1 步和第 2 步是调整白色棱块位置，第 3 步是还原白色角块，第 4 步是调整中间层，第 5 步是调整黄色棱块位置，第 6 步和第 7 步是还原黄色角块，第 8 步又是调整黄色棱块位置。显而易见，与角块还原相关的步骤只有第 3 步、第 6 步和第 7 步。

二阶魔方的旋转指令与三阶魔方相同，基础手法也可以参照三阶魔方。

下面我们开始二阶魔方的还原教学。二阶魔方的还原一共分为 3 个阶段，分别为还原白色底层（以白色作底为例）、还原黄色顶面、调整顶层黄色角块。由于二阶魔方没有中心块，底层的位置是不固定的，所以我们需要假定一个底层。随意找到一个白色面，将其放置到底面，那么这一层就为底层，对面就视为黄色顶面。

还原白色底层

首先将假定的白色底面放至左下方，观察这个角块正面的颜色，再找到含这个颜色的另一个白色角块，将其转动至右层靠近自己的位置，连续做一至五遍指令 U R U’ R’。随后把还原的角块转动到左下方，再按上述要求还原下一个角块，直至底层全部还原。角块还原前根据白色面的位置，分为 5 种情况，不同情况下，需要连续做指令的次数不同。

假定白色底面

一遍指令

两遍指令

三遍指令

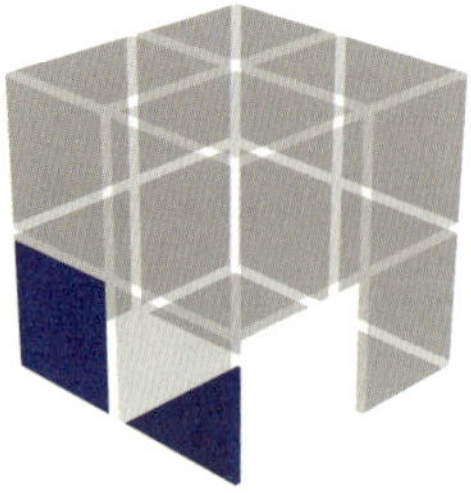

四遍指令

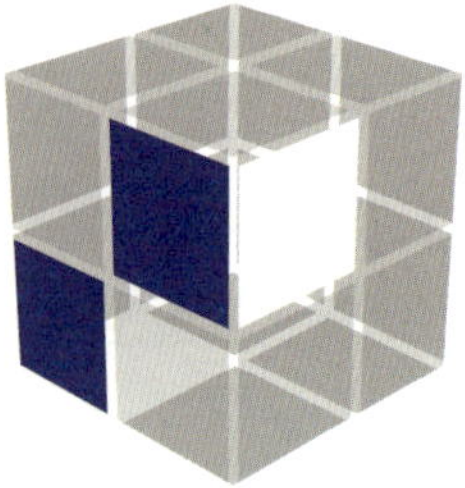

五遍指令

还原黄色顶面

和还原三阶魔方的黄色顶面一样，我们首先要将魔方转体 180°，使顶层和底层互换。再将黄色面未归位的黄色角块依次放到右层靠近自己的位置，做两遍或四遍指令 U R U’ R’。

还原黄色顶面

调整顶层黄色角块

还原完黄色顶面后，我们依然需要寻找“眼睛”。有“眼睛”时，将“眼睛”放到底面，并将黄色面朝向自己，做“四眼”指令 R U’ R D2 R’ U R D2 R’2；没有“眼睛”时，直接将黄色面朝向自己做“四眼”指令，做完后，“眼睛”就出现了。

寻找“眼睛”

注意，“四眼”完成后，对于二阶魔方来说，黄色层实际上已经完全归位，最后我们只需要把黄色层和白色层侧面的颜色对齐，即可完成还原。

魔方还原完成

实例讲解

下面，来讲解一个还原实例，和三阶魔方一样，白色面置于顶面，绿色面朝向自己并按打乱指令 F R' U' F2 U' R2 U2 R' F' 打乱魔方。

打乱的二阶魔方及其展开图

通过观察，我们可以看到，有两个角块的白色面在同一面上，而且这两个角块另外两个颜色互为对色，说明这两个角块已经完全归位，那么我们假定这面作为底面，还

假定底面

原的步骤可能是比较少的。

首先将白蓝橙角块放至左下方，此时蓝色面在正面，所以我们要寻找白蓝红角块，发现其在左后上方，先做指令U2，再做三遍指令 U R U' R'。紧接着，再将白绿红角块放至左下方，再根据白绿橙角块的位置，做指令 U，再做五遍 U R U' R'。此时，白色底层就还原好了。

还原白色底层

顶层与底层互换

这时我们发现，顶层所有的黄色面都在侧面，说明这 4 个角块都需要调整，将魔方转体 180°，顶层和底层互换，可以先选择黄蓝橙角块，将其放在右层正面，做两遍指令 U R U' R'。然后依次还原其他 3 个角块。注意，我们只能通过旋转底层来调整角块的位置，从而确保在旋转过程中各角块的位置不会出现错误。

还原黄色面

接下来需要调整黄色角块的位置，再次将底层和顶层互换，可以看到，这时顶层已经有了一双红色的“眼睛”，“眼睛”放至底面并将黄色面朝向自己，做指令 R U’ R D2 R’ U R D2 R’2，此时，侧面颜色也全部对齐了，魔方已经完全还原。

二阶魔方还原完成

课后练习

根据以下指令打乱魔方并完成还原。

（1）R’ U’ R U F U’ F U F U2 R2

（2）U R2 U2 R2 U2 F R U’ R’ F U’

第3节 二阶 · 初级提速

接下来，我们学习二阶魔方的初级提速方法——“面先法”。“面先法”的原理相对比较简单，就是先还原底面和顶面，最后调整侧面颜色的位置。和之前学习的“层先法”相比，在还原底层的时候仅须将底面还原，无须将底层侧面的颜色对齐，还原顶面也是一条指令即可，这样可以节省大量的时间。在学会“面先法”后，我们可以在 10 s 内还原二阶魔方。下面分步进行讲解。

“面先法”过程

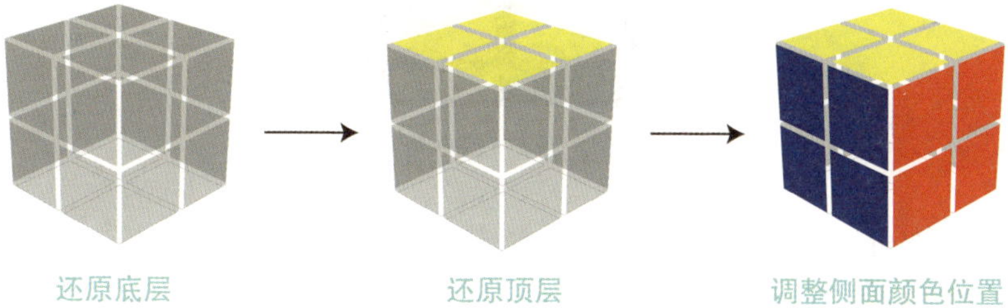

第 1 步：还原白色底面，基本指令还是 U R U’ R’，大家都已经很熟练了。现在，我们无须再考虑侧面颜色的位置，做起来会很快很顺利。

第 2 步：还原黄色顶面，这里有 7 条指令分别对应 7 种不同情况。

（1）顶面只有一个黄色面，且侧面黄色面在左边。

操作指令为 R U'2 R' U' R U' R'

（2）顶面只有一个黄色面，且侧面黄色面在右边。

操作指令为 R U R' U R U'2 R'

（3）顶面没有黄色面，侧面的黄色面有两双“眼睛”。

操作指令为 R2 U'2 R U2 R'2

（4）顶面没有黄色面，侧面的黄色面有一双“眼睛”。

操作指令为 F（R U R' U'）2F'

（5）顶面有两个相连黄色面，侧面的黄色面形成“眼睛”。

操作指令为 F R U R' U' F'

（6）顶面有两个相连黄色面，侧面的黄色块没有形成“眼睛”。

操作指令为 R U R' U' R' F R F'

（7）顶面有两个相对黄色面。

操作指令为 F' RUR' U' R' FR

注意，魔方还原的初始位置都以黄色参考面为顶面，上面为背面，我们发现，“面先法”还原黄色顶面，不需要将魔方顶层和底层对调。

第 3 步：在还原好底面和顶面后，开始调整侧面颜色的位置。因为底面和顶面的颜色都已经还原，所以角块只要在同层之间调整，这时每层都会有 3 种可能出现的状态。首先是无须调整的状态，代表这一层已经完全还原，两层都处于这一状态时，我们仅需将两侧颜色对齐即可；其次是相邻角块需要调整的状态，当这一层出现了一双“眼睛”，另外两个角块只需互换位置即可；最后是相对角块需要调整的状态，此时这一层没有“眼睛”，需要将相对两个角块互换位置。

除了底层和顶层同时出现第 1 种状态，其余状态下共有 5 种情况，对应的指令分别如下。

（1）顶层有一双“眼睛”，底层没有，顶层“眼睛”放在正面。

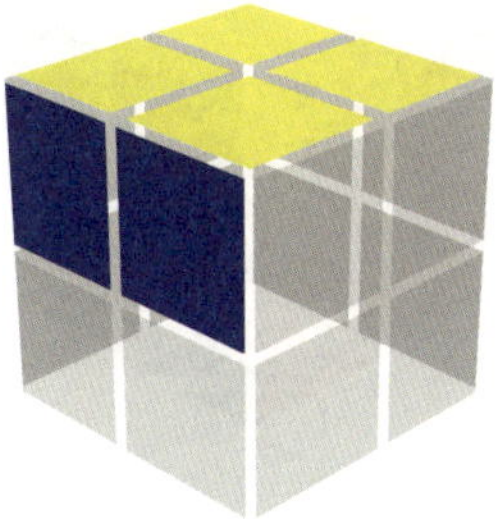

操作指令为 R' F R' F 2 R U' R

（2）底层、顶层各有一双“眼睛”，“眼睛”放在背面。

操作指令为 R2 U' R'2 U' 2 F2 U' R2

（3）底层、顶层都没有“眼睛”。

操作指令为 R'2 F2 R2

（4）仅顶层对角互换。

操作指令为 R U' R' U' F2 U' R U R' U F2

（5）仅顶层邻角互换，顶层“眼睛”放在左边。

操作指令为 R' F R F' R U'2 R' U R U'2 R'

现在二阶魔方“面先法”就已经学完了。我们之前的教学都是以白色作底面、黄色作顶面为例的，其实无论是二阶魔方还是三阶魔方，甚至其他魔方都可以以任何一种颜色为底面，它的对色就是顶面。大家不妨用其他颜色作为底面试试还原二阶魔方，只有熟练掌握每种颜色作为底面时的魔方还原，二阶魔方的还原速度才能有更大的提升。

课后练习

根据以下指令打乱魔方并用“面先法”完成还原。

（1）R’ U’ R U R U’ F U’ R’ U’ F

（2）U2 R U2 R’ U2 R F U2 F R U

(3) U R' U F R U2 F' R U' R F'

神秘的“金字塔”

第 1 节 金字塔・结构

金字塔魔方是一种四面体异型魔方，由德国科学家乌韦・梅弗特教授于 1970 年发明。

金字塔魔方（这里均指三阶金字塔魔方）是正四面体结构，由 4 个小角块、4 个中心块和 6 个棱块组成，小角块和中心块有 3 种颜色，而棱块只有 2 种颜色。小角块跟中心块可以组成一个大角块进行旋转，也可以独立旋转。金字塔魔方一共有 4 种颜色，一般是红、黄、绿、蓝这 4 种，且两两相连，和其他魔方一样，也是通过旋转来改变其颜色的排列，但它的变化状态数没有二阶魔方多，所以它的还原难度要小于二阶魔方。

小角块

金字塔魔方是四轴结构，由 4 根内轴构建而成。小角块是每根轴的末端，它是 3 个面汇集在一起的，所以共有 4 个小角块，每个小角块有 3 种颜色，分别对应着 3 个面的颜色。它是可以独立旋转的，且每个小角块的旋转不会影响魔方其他部分的变化，所以我们可以认为，小角块仅仅起到一个“装饰”作用，对实际结构的还原并无太大的影响。我们拿到魔方后可以先将小角块的 3 个侧面颜色对齐，但是，在竞速玩法中，小角块的还原时机就显得非常关键。

中心块

金字塔魔方共有 4 个中心块，每个中心块与小角块相连，并与其相连的小角块颜色一致。

4 个小角块

4 个中心块

6 个棱块

棱块

棱块是 2 个中心块之间的色块。每个棱块有两种颜色，可以随着中心块改变位置，而小角块的独立旋转则不会影响棱块的位置。

第2节 金字塔·基础手法

为了便于后续的教学，我们将小角块为顶的两层小金字塔称为大角块。

大角块

魔方握姿

金字塔魔方能旋转的只有角块，所以握姿和三阶魔方完全不同。我们用两只手的大拇指、食指和中指来固定金字塔左右两方的大角块，大拇指按住正面的中心块，食指放在侧面的中心块上，中指托住底层的棱块。

金字塔魔方的握姿

旋转手法

金字塔魔方与三阶魔方不同，它是四轴结构体的魔方，所以只有 4 个方向可以旋转，而且只有魔方的 4 个小角块和 4 个大角块可以旋转。首先我们来学习一下金字塔魔方大角块最基本的 3 组旋转指令。

第 1 组：U 和 U’。

U 指上方大角块向左旋转 120°。

U’指上方大角块向右旋转 120°。

第 2 组：R 和 R’。

R 指右方大角块向上旋转 120°。

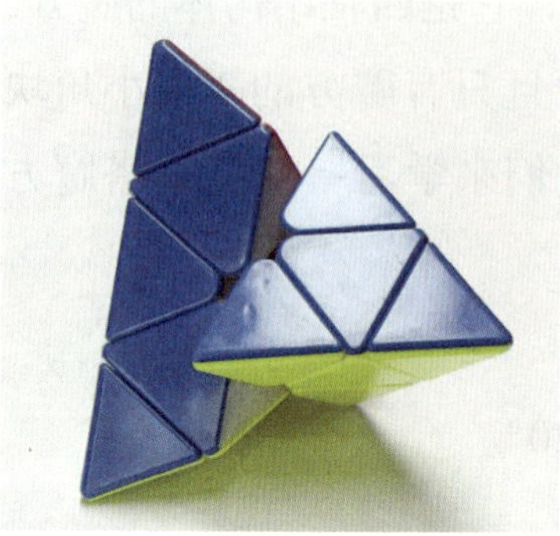

R’指右方大角块向下旋转 120°。

第 3 组：L 和 L’。

L 指左方大角块向下旋转 120°。

L’指左方大角块向上旋转 120°。

小角块的旋转指令与大角块相同，我们用相应的小写字母（u、u’、r、r’、l、l’）表示。

金字塔魔方还原时最常用的指令是 R’、R、L 和 L’。注意，做这 4 个指令时，都是由一只手握紧魔方，另一只手通过手腕的上、下转动来完成指令。

第3节 金字塔·还原步骤

金字塔魔方最常见的还原方法是“层先法”和“角先法”。“角先法”就是先还原魔方的角块，再调整棱块的位置，从而实现魔方的还原，本书暂不讲解“角先法”，大家可以自行学习。下面，我们来学习还原金字塔魔方的另一种方法——“层先法”。

和三阶魔方一样，“层先法”就是一层一层地还原魔方。金字塔魔方也是三层结构，所以我们首先还原底层，然后还原中间层，最后还原顶层。可以发现，顶层其实就是一个小角块，仅需将其与中间层的中心块颜色对齐即可。接下来我们分步学习。

还原小角块

前文讲过，小角块对魔方实际结构的还原并无太大的影响，所以我们在还原底层之前，可以先将小角块还原。逐个旋转 4 个小角块，使其 3 个面颜色与相邻的中心块颜色一致。

还原小角块（此图为俯视图，以下均同）

还原底层中心块

金字塔魔方可以通过小角块的颜色来确定每个面的颜色，假设把黄色面作为底面（以下均以黄色作底面为例），我们只需要找到不含黄色的小角块，与其相对的面就是黄色底面。

将红蓝绿角块转动至顶层，然后依次把另外3个大角块的黄色面转动至底面。

还原底层中心块

还原底层棱块

金字塔魔方的角块可以独立旋转，所以难度不大，还原的关键是在棱块上。

我们发现，此时魔方的底层只有棱块还没有还原。首先观察黄色棱块的位置，可以分为两种情况：第 1 种是黄色棱块在中间层；第 2 种是黄色棱块在底层，但没有归位。

黄色棱块在中间层时，通过旋转上方大角块把黄色棱块另一个面转动至底层同色中心块所在的面，然后将此面面对自己，根据黄色棱块所在的位置，在左边或在右边，做指令 R U’R’ 或 L’ U L。还原完一个棱块，再去还原下一个棱块，直至底层完全还原。

操作指令为 R U’ R’

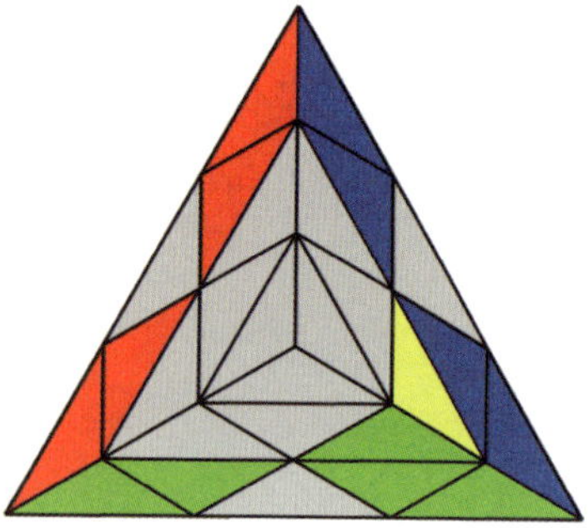

操作指令为 L’ U L

黄色棱块在底层且没有归位时，我们只需要将黄色棱块朝向自己，注意，是黄色棱块朝向自己，而不是黄色棱块的黄色面朝向自己，因为此时的黄色面可能在底面。然后做指令R U' R' 或L' U L，把黄色棱块转动到中间层，再根据之前的方法还原。

操作指令为 R U' R'

操作指令为 L' U L

还原中间层棱块

底层还原后，中间层棱块会出现3种情况，分别对应5条指令。

（1）中间层3个面同面棱块颜色相同，即出现3双“眼睛”。先通过旋转上方大角块，使中间层的中心块与底

操作指令为 R' U' R U' R' U' R

操作指令为 L U L' U L U L'

层同色中心块对齐；然后选择任意一面（除黄色底面外）朝向自己，根据相应情况，完成对应指令。

（2）通过旋转上方大角块，可让两个面形成两条连色的“一字”型，此时，这两个面都仅有一个棱块没有归位。然后选择任意一个含“一字”型的面朝向自己，根据相应情况，完成对应指令。

操作指令为 R' L R L' U' L' U L

操作指令为 L R' L' R U R U' R'

（3）中间层有两个棱块没有归位，且均仅为棱块两面颜色需调换位置，称之为双棱翻。将两个棱块朝向自己，做相应指令。

操作指令为 R' L R L' U L' U' L

最后顶层的还原，实际上也就是顶层小角块的还原，我们在开始的时候已经完成。

课后练习

根据以下指令打乱魔方并完成还原。

先学习另一个指令 B（指后方大角块逆时针旋转 120°，小角块则用 b 表示）。

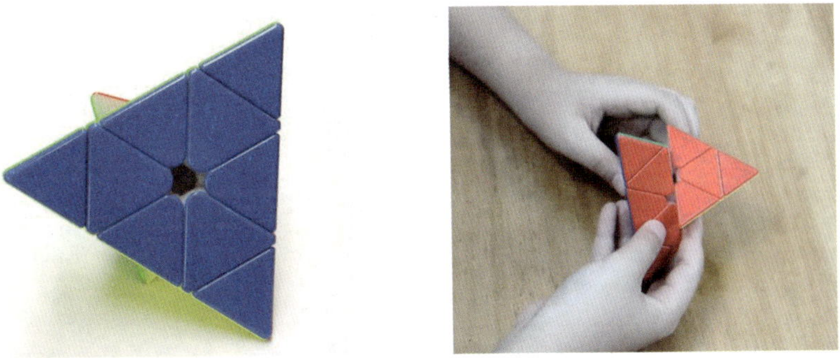

指令 B 操作示意

（1）U L U’ B’ R U L B R’ U’ B’ b’

（2）R' B' U' B L' U B' L U' L B1

第4节 金字塔·初级提速

除了“层先法”和“角先法”外，“四棱法”是目前还原金字塔魔方最优化的方法。同时，相比于其他魔方提速还原法，“四棱法”又是比较简单易学的。接下来，本书对“四棱法”做简单介绍。

初始状态

在运用“四棱法”指令还原魔方前，我们首先要还原所有的小角块、中心块以及两个棱块。这里有很多的还原方法，我们不做详细讲解，大家自行探索。

初始状态

四棱指令

完成初始状态后，我们只需要根据不同的情况做一个四棱法指令即可完全还原魔方。

（1）LL，指初始状态下，有一层已经还原（同“层先法”底层还原后的状态）。

三棱换状态，侧面出现 3 双“眼睛”。

操作指令为 L U L’ U L U L’

操作指令为 R’ U’ R U’ R’ U’ R

条状态，正面和一个侧面出现“条形”。

操作指令为 L R’ L’ R U R U’ R’

操作指令为 R’ L R L’ U’ L’ U L

（2）纯翻两棱状态，我们把四棱翻也归纳在这。

操作指令为 R’ L R L’ R U’ R’ U

操作指令为 L R’ L’ R L’ U L U’

操作指令为 R' L R L' U L' U' L

操作指令为（R' L R L' U）×3

（3）反棱状态，指 4 个棱块均未还原，且底层的棱块需要原地翻转。

反棱“风车”状态，三面的“条型”类似风车图案。

操作指令为 R' L R L' U' R' L R L' U

操作指令为 L R' L' R U L R' L' R U'

反棱“眼睛”状态，一个侧面出现“条型”，一个侧面出现“眼睛”。

操作指令为 R U' R' L' U' L U'

操作指令为 L' U L R U R' U

（4）ELL，指底层一个棱块和中层两个棱块未还原的状态。

操作指令为 U' R U R'

操作指令为 U L' U' L

操作指令为 L R’ L’ R

操作指令为 R’ L R L’

操作指令为 R U’ R’ U

操作指令为 L’ U L U’

操作指令为 L R’ L’ R R U’ R’ U

操作指令为 R’ L R L’ L’ U L U’

（5）单条状态，指没有“眼睛”，有一个侧面出现“条形”。

操作指令为 R’ L R L’ U’ L’ U’ L U’

操作指令为 L R’ L’ R U R U R’ U

操作指令为 R’ L R L’ U L R’ L’ R U’

操作指令为 L R’ L’ R U’ R’ L R L’ U

（6）眼睛状态，指一个侧面出现“眼睛”，正面出现“条形”。

操作指令为 U R’ L R L’ U L’ U L

操作指令为 U’ L R’ L’ R U’ R U’ R’

操作指令为 R U R’ U R’ L R L’ U

操作指令为 L’ U’ L U’ L R’ L’ R U’

（7）顺、逆状态，指中间层出现一个且仅一个反棱。

操作指令为 U L R' L' R U' L R' L' R

操作指令为 U' R' L R L' U R' L R L'

反棱在侧面

操作指令为 R U R' U L' U L

操作指令为 L' U' L U' R U' R'

反棱在背面

（8）三角面状态，指一个侧面出现一个整体的三角形。

操作指令为 R U' R' R' L R L' U

操作指令为 L' U L L R' L' R U'

（9）假反棱状态。

操作指令为 R U' R' U' R U R' U

操作指令为 L' U L U L' U' L U'

课后练习

根据以下指令打乱魔方并用“四棱法”完成还原。

（1）R’ U L’ U’ B U’ L’ U B R’ U’ u l’ r’

（2）R’ B R’ L’ B’ U R’ U R B’ R’ l’

（3）U' B L R U' B L' U B' L' B' r'

请总结您目前的学习心得：

。

奇怪的“斜转”

第5章

第1节 斜转·结构

斜转魔方是托尼·德拉姆所设计的一款经典异形魔方，斜转魔方的速拧也是传统比赛项目之一。

斜转魔方是正方体结构，共有 8 个角块和 6 个中心块，它与金字塔魔方都是四轴类魔方，但是它旋转的联动方式与金字塔魔方不同，导致还原方法完全不同。

角块

斜转魔方共有 8 个角块，其中 4 个角块固定在中心轴上。

8 个角块

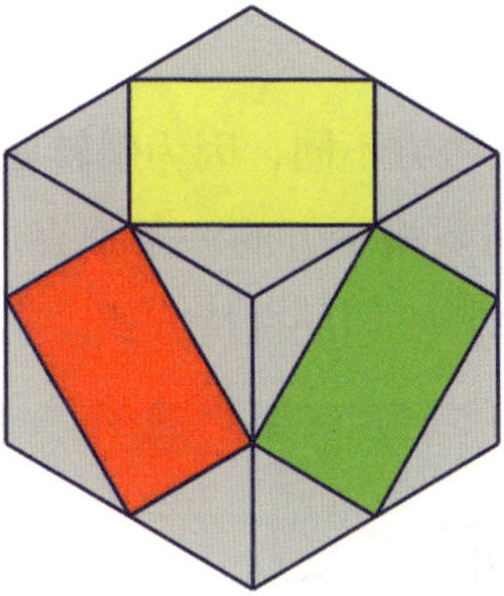

6 个中心块

中心块

斜转魔方共有 6 个中心块，对应的 6 个面颜色分别是白、黄、红、橙、蓝、绿。

第2节 斜转·基础手法

我们先尝试着旋转魔方，可以发现斜转魔方是以任意一个角块为旋转轴心带动半个魔方旋转，且只能沿着中心块的边斜着旋转，这也是它称之为斜转魔方的原因。

魔方握姿

和之前所学的魔方不同，因为斜转魔方旋转的特殊性，我们握持魔方时需要将魔方的一条垂直边朝向自己，可以根据自己的喜好选择不同的握持方式。

斜转魔方的两种握姿

旋转手法

我们以右侧上下两个角块作旋转轴心为例，斜转魔方共有两组基本指令。注意，作为旋转轴心的角块，旋转后只改变 3 个面颜色的方向，而角块本身的位置不动（假设旋转轴心角块原在右侧下方，旋转后仍在右侧下方）。所以，如果旋转后发现该角块位置发生变化，我们可以断定旋转发生了错误。

第 1 组：R 和 R’。

R 指以右侧下方角块为旋转轴心，顺时针旋转 120°。

R’指以右侧下方角块为旋转轴心，逆时针旋转 120°。

第 2 组：L（r）和 L’（r’）。

L 指以左侧下方角块为旋转轴心，顺时针旋转 120°。

r 指以右侧上方角块为旋转轴心，顺时针旋转 120°。

L’指以左侧下方角块为旋转轴心，逆时针旋转 120°。

r’指以右侧上方角块为旋转轴心，逆时针旋转 120°。

我们把这 4 个指令形成的一个指令组（R’ r R r’）称为 S。对于初学者来说，熟练掌握这 4 个指令和指令组 S 便可以还原斜转魔方。

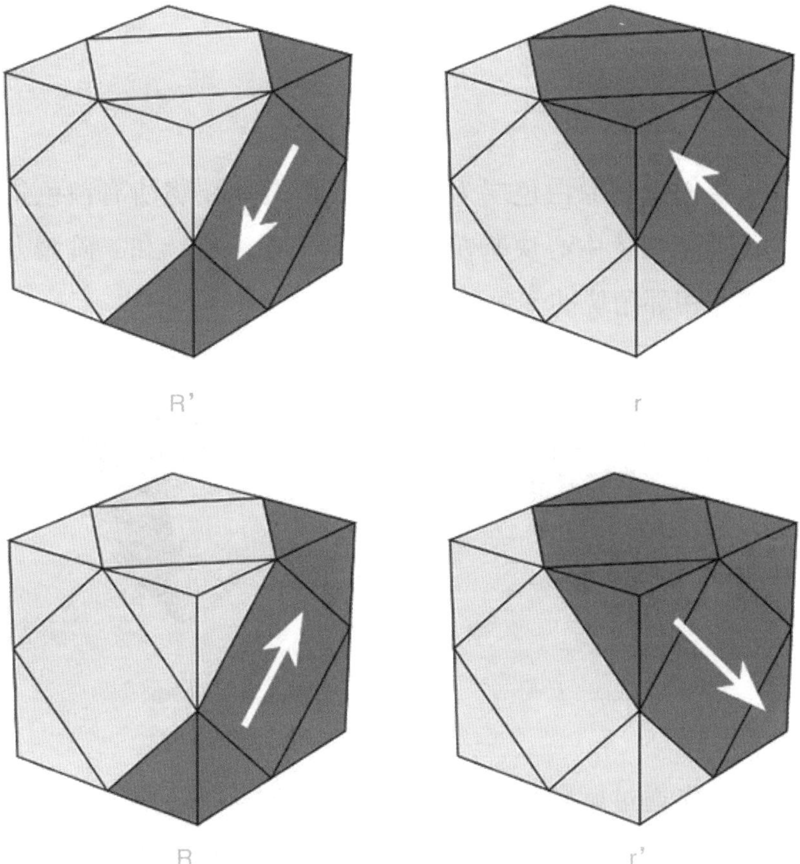

指令组 S

第3节 斜转·还原步骤

还原白色层

我们以还原白色层为例，那么，开始要将所有白色角块转动至白色中心块所在的层。这里要注意，和二阶魔方一样，相邻角块的颜色要保持一致。

角块正确位置

角块错误位置

首先通过旋转魔方将任意一个白色角块还原（这一步大家自己开动脑筋自行完成）。然后将白色中心块放置在正面左侧，并让还原好的白色角块置于上方。通过白色角块右侧的颜色，找到带有该颜色的另一个白色角块（目标角块），然后将其转动至正面上方或下方即可。

白色角块的还原

根据目标角块位置的不同，可分为以下 4 种基本情况。

（1）目标角块在右侧上方，且白色面在上面，做指令 R’。

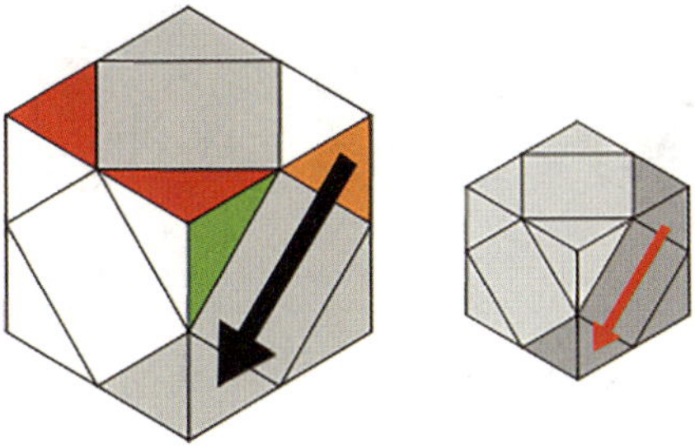

（2）目标角块在右侧上方，且白色面在侧面，做指令 r R’ r’。

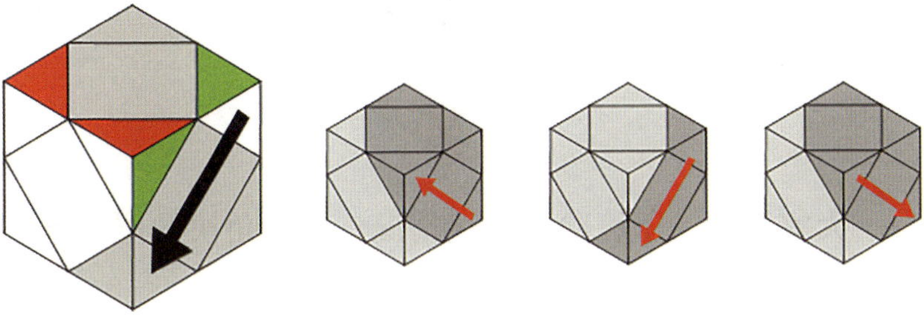

（3）目标角块在右侧下方，且白色面在下面，做指令 r。

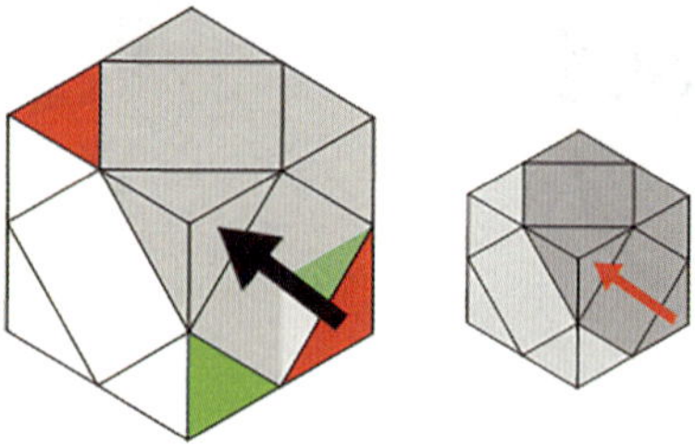

（4）目标角块在右侧下方，且白色面在侧面，做指令 R’ r R。

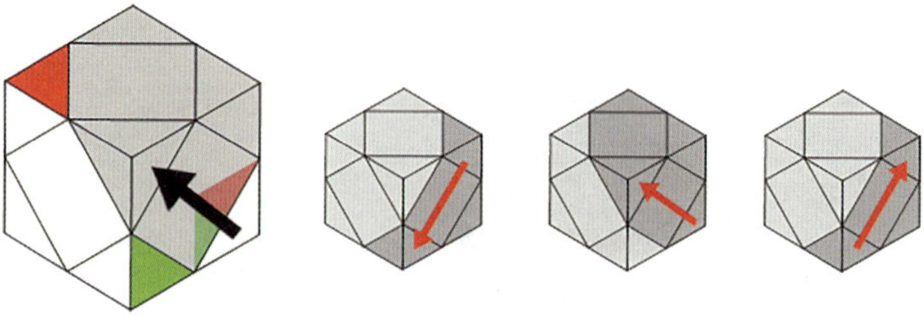

运用上述指令和方法依次还原 4 个白色角块，直至白色层完全还原。

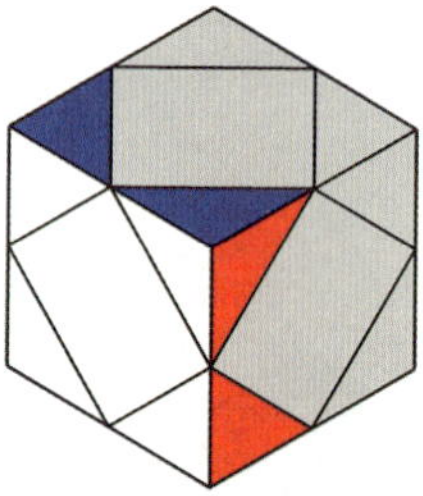

大家思考一下，除了上述情况，目标角块的位置是否会有其他情况出现？如果有，该如何还原？

还原 4 个中心块

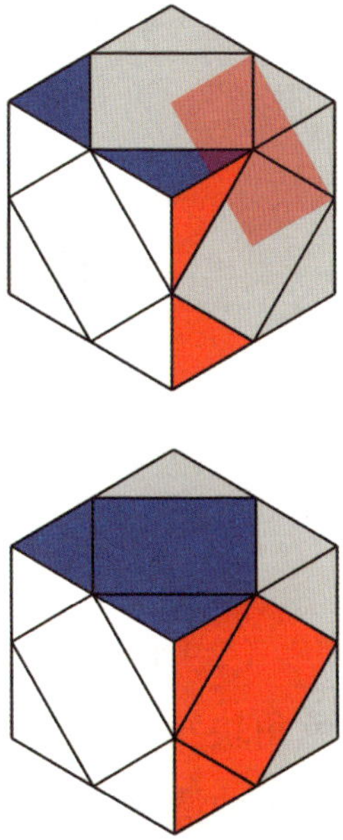

在还原完白色一层后，我们需要还原与白色中心块相邻的 4 个中心块。首先，观察白色中心块对面中心块的颜色（黄色中心块除外），在白色层找到含此中心块颜色的两个角块。将这两个角块放在正面，白色中心块放在正面左侧，做指令组 S。

还原完一个中心块后，我们通过白色中心块确定下一个需还原的中心块，按同样的方法完成还原。在此过程中，可能会出现白色中心块对面是黄色中心块的情况，此时，我们需找任意一个未还原的中心块，放在正面右侧，白色中心块依然放在正面左侧，做指令组 S，调整黄色中心块的位置后，继续其他中心块的还原，直到四个中心块全部还原。

还原 4 个中心块

还原黄色层

在还原完白色层和相邻 4 个中心块后，我们仅需把黄色角块归位，使黄色层还原，也就完成了整个魔方的还原。此时黄色角块会出现以下两种情况。

（1）4 个黄色角块均未归位，这时需找到一双黄色“眼睛”，将其放在上方，做两遍指令组 S。

第 1 种情况

（2）两个黄色角块已经归位，将其中一个未归位的黄色角块黄色面放到右侧下面，做两遍指令组 S，使其变成第 1 种情况，然后再根据第 1 种情况进行还原。

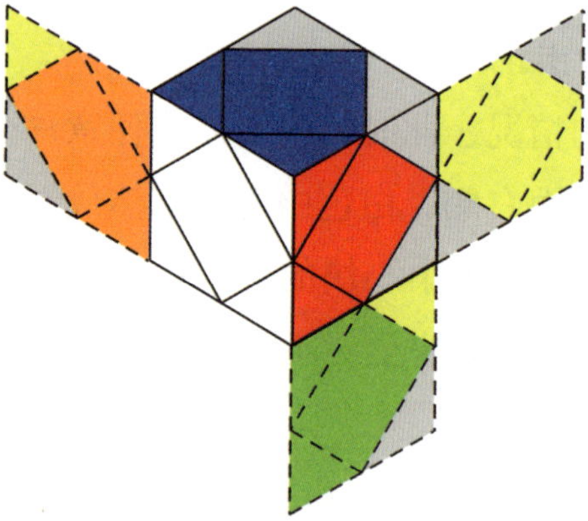

第 2 种情况

还原斜转魔方其实还是比较简单的，相关指令也比较少，但是由于其旋转的特殊性，我们容易混淆旋转位置，因此大家在平时的练习中要格外注意。

课后练习

根据以下指令打乱魔方并完成还原。（B 指以后侧下方角块为旋转轴心，顺时针旋转 120°。U 指以后侧上方角块为旋转轴心，顺时针旋转 120°）

（1）B U R B U' R' U' L R L' R

（2）L R L B U L' B' L R L R

第4节 斜转·初级提速

这一节介绍还原斜转魔方的另一种方法——“控心法”。“控心法”是还原斜转魔方最常用的方法，熟练掌握后，可以将还原速度提升到 8 s 以内。

首先来学习一个新的指令组 H（r R’ r’ R）。可以看出，H 其实就是 S 的逆指令组，对初学者来说 H 不常使用，但在“控心法”中，指令组 S 和 H 的结合运用，可以同时还原一层的角块和中心块。

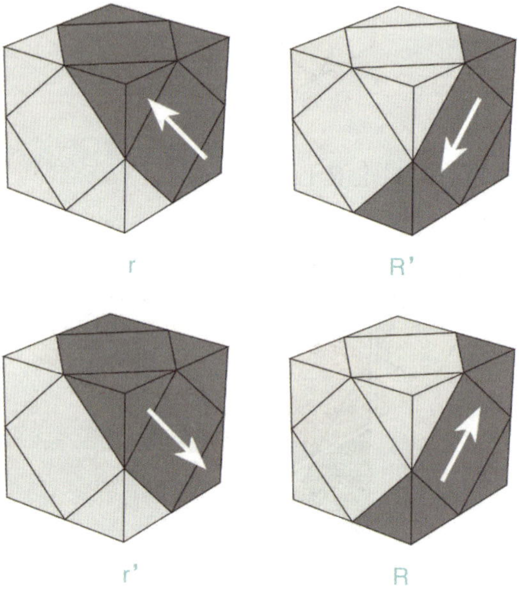

指令组 H

我们仍以先还原白色层为例，需将白色中心块放置在正面左侧完成下述指令。

“控心法”的过程

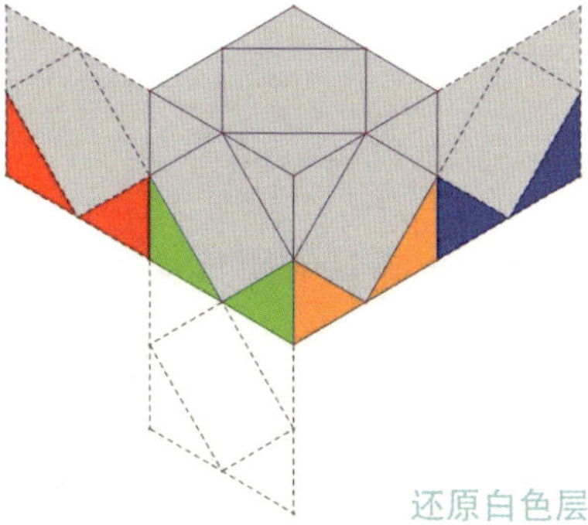

还原白色层

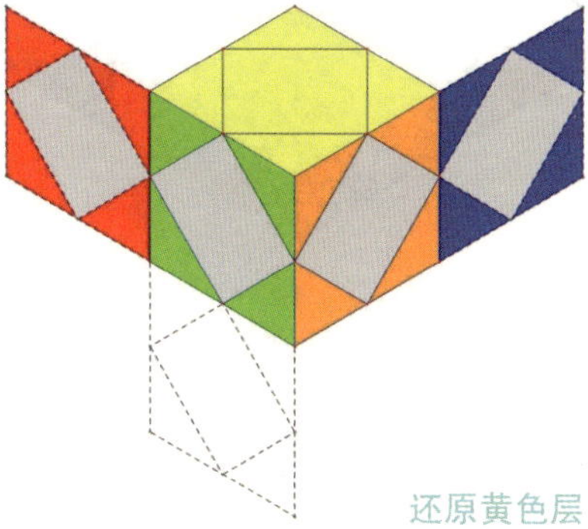

还原黄色层

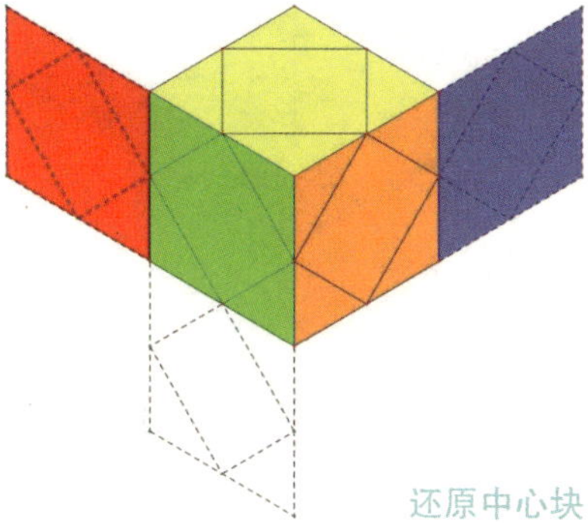

还原中心块

还原白色层

白色层的还原与之前学习的方法一样。

还原黄色层

（1）黄色中心块和四个角块均未归位。

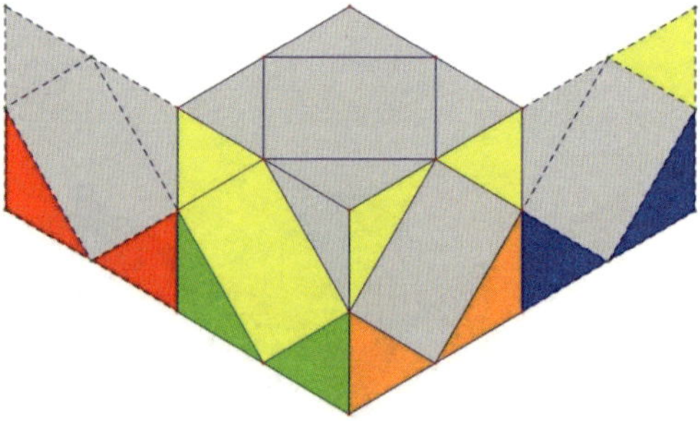

S

H

其他两种情况需先做“H”，转化为“仅有两个黄色角块已归位”的情况。

（2）仅有两个黄色角块已归位。

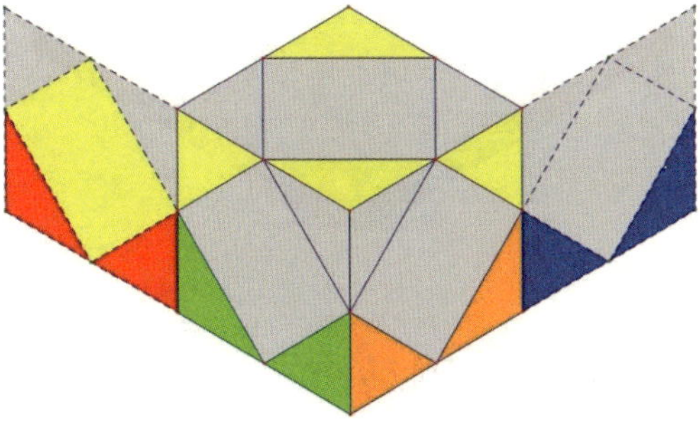

操作指令为 H y S 或者 y2 S y' S

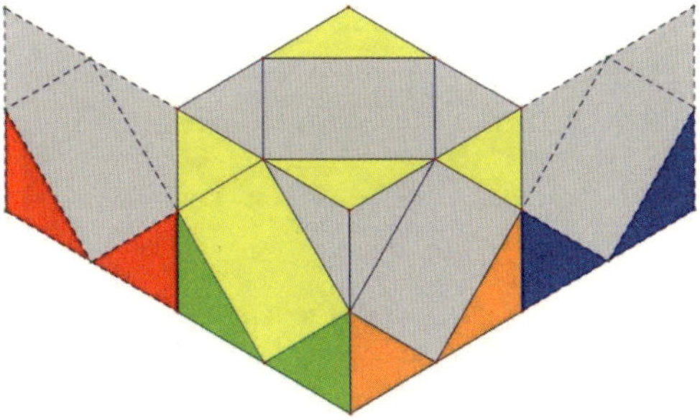

操作指令为 y S y S 或者 y' H y' S

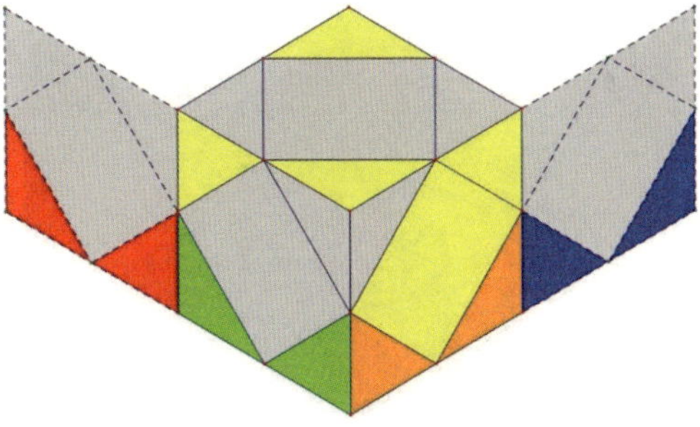

操作指令为 H y' H 或者 y2 S y H

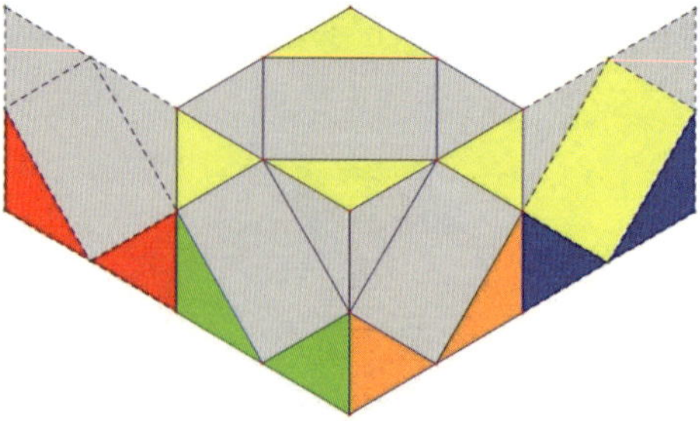

操作指令为 y S y' H 或者 y' H y H

y，指魔方整体向左旋转 90°；y'，指魔方整体向右旋转 90°。

（3）仅有黄色中心块已归位。

操作指令为 S2 或者 y2 H2

（4）黄色中心块和两个角块已归位。

操作指令为 y H y S y S 或者 S y S y H

还原中心块

（1）顺三心换。

操作指令为 z' S y2 S 或者 z' H y2 H

（2）逆三心换。

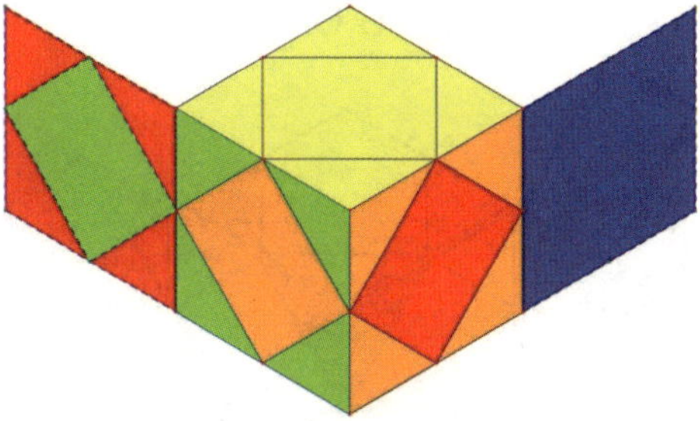

操作指令为 x S y2 S 或者 x H y2 H

x，指魔方整体向上旋转 90°；z，指魔方整体顺时针旋转 90°。

若出现四心换，则需先做一个三心换指令，形成三心换状态，再根据三心换指令完成还原。

课后练习

根据以下指令打乱魔方并用“控心法”完成还原。

（1）B L B R’ U’ R’ U’ B R L’ B’

（2）L R’ B’ U’ R U’ B U’ B U’ R

（3）RULR’U’BU’LRB’R